Christina Sondermann

Kau Spiel Spaß
für Hunde

Leckere Beschäftigungsideen
einfach selbst gemacht

Ulmer

Inhalt

4 Kauen? Find ich gut!

- 6 Alleskönner Kauspielspaß
- 10 Spezial: Der Kautyp-Check
- 12 Kau-Know-How: Nützliche Tipps

16 Kauartikel: einfach so

- 18 Wegweiser im Kausnack-Dschungel
- 22 Spezial: Kauspaß in Gemüse

24 Alles aus Pappe: Snackpakete für Hunde

- 26 Schlemmerpäckchen & Papptresore
- 30 Schatzkisten & Wundertüten
- 34 Auspackspaß palettenweise

38 Schlemmerspaß im Kauspielzeug

- 40 Hohl und lecker: Kong & Co.!
- 46 **Spezial: Die kleine Hunde-Schlemmer-Schule**
- 52 Schmackhaft mit Ritzen und Rillen: Dentalspielzeuge
- 54 Außerirdisch gut: Snack-Ufos
- 56 Einfach köstlich: Schlemmertabletts
- 60 **Spezial: Hunde-Slow-Food mit Futterspendern**
- 64 Ungeahnte Möglichkeiten: Wunderwelt der Wabenbälle
- 68 Die Hunde-Eisdiele

74 Kauspielspaß hoch drei: Kreative Kombinationen

- 76 Kausnack + Pappe + Spielzeug = Spaß!
- 80 Das Auge isst mit: Verpackung mit Herz
- 84 **Spezial:Hundeglück im Schuhkarton**
- 86 Kauen und andere Hunde-Hobbys

92 Service

Kauen?
Find ich gut!

6 Alleskönner Kauspielspaß

10 Spezial:
Der Kautyp-Check

12 Kau-Know-How:
Nützliche Tipps

Alleskönner Kauspielspaß

Kennen Sie diesen Ausdruck höchster Verzückung, wenn Ihr Hund genussvoll einen Kauartikel bearbeitet oder hingebungsvoll eine geraubte Papprolle zerlegt?

Kauen – rein ins Rampenlicht

Dann werden Sie auch wissen: Kauen, schlecken, nagen, schreddern, all das ist „typisch Hund"! Hunde lieben das – und sie brauchen das!

Kauspielspaß: Was ist gemeint?
Die Begriffe „Kauen" und „Kauspielspaß" werden im gesamten Buch als Sammelbegriffe verwendet. Sie stehen für alles, was die Hundeschnauze mit Essbarem tun kann, wie schlecken, knabbern, nagen, reißen und schreddern.

Die gute Nachricht: Nichts ist einfacher, als aus diesen Hunde-Hobbys spannende Beschäftigungsmöglichkeiten zu zaubern. Doch Hand aufs Herz: Hätte man Sie – zumindest vor der Anschaffung dieses Buches – danach gefragt, womit Sie Ihren Hund beschäftigen, wären dann Kauspiele auf der Liste der Aktivitäten aufgetaucht? Falls nicht, sind Sie in guter Gesellschaft. Denn obwohl die meisten Hunde es regelmäßig und begeistert tun, wird das Kauen von uns Zweibeinern nur selten als vollwertige Beschäftigung wahrgenommen. Vielleicht, weil es so „normal" erscheint? Allerhöchste Zeit für einen Perspektivenwechsel! Raus aus dem Schattendasein, rein ins Rampenlicht: Entdecken Sie die Möglichkeiten! Ein ganzes Buch voller Ideen wartet auf Sie!

Artgerecht beschäftigt: Kauen macht glücklich

„Hunde stürzen sich auf Kauspielzeuge wie Menschen auf Spionagegeschichten oder einen spannenden Film", sagt Jean Donaldson, amerikanische Hunde-Expertin und Buchautorin in ihrem Klassiker „Hunde sind anders". Das trifft es auf den Punkt! In der Liste der Hunde-Hobbys rangiert Kauen ganz weit oben. Ungefähr so, wie bei uns Menschen das Lesen oder Fernsehgucken. Sie können Ihren Vierbeiner also sehr glücklich machen, wenn Sie den Kauspaßfaktor in seinem Alltag erhöhen! Übrigens: Hunden ihr Futter so zu überreichen, dass sie eine Zeit lang mit der Nahrungsaufnahme zu tun haben, gilt als besonders artgerechte Form der Beschäftigung.

Schöner Wohnen: Kauen schützt vor Vandalismus

Kauen, reißen, zerlegen – für unsere Hunde sind dies Grundbedürfnisse. Das hat mit ihrer genetischen Ausstattung als Beutegreifer zu tun. Der Drang zu kauen zieht sich durchs ganze Hundeleben. Besonders ausgeprägt ist er bei Welpen und Junghunden: Genauso, wie Menschenkinder alles anfassen und in den Mund nehmen, tun das auch die Hundekinder, um ihre Welt zu entdecken.

Außerdem schafft Kauen Erleichterung, wenn beim Zahnwechsel alles weh tut. Egal, wie alt Ihr Hund ist gilt: Ist nicht genug Erlaubtes zum Knabbern da, dann müssen oft Stuhlbeine, Teppiche und Schuhe dran glauben. Deshalb: Wenn Ihnen Ihr Inventar am Herzen liegt, dann sorgen Sie vor und geben Ihrem Hund genug zu kauen.

Einfach entspannt: Kauen beruhigt

Es gibt kaum einen einfacheren Weg, unruhige Geister regelrecht „herunterzufahren" als ihnen etwas zu kauen zu geben! Der Grund dafür: Das Bewegen der Kiefermuskulatur löst Anspannungen auf. Außerdem regt Kauen die Speichelproduktion an, und das vermehrte Schlucken wirkt beruhigend. Insgesamt wird durch das Kauen der Parasympathikus aktiviert: der Teil des Nervensystems, der für Ruhe, Erholung und Schonung sorgt. Der sogenannte „Ruhenerv" ist auch für uns Menschen ein alter Bekannter: Wenn wir uns nach dem Essen angenehm träge fühlen, dann ist der Parasympathikus aktiv.

Schlecken, knabbern, nagen, reißen, schreddern – all das ist gemeint, wenn es um „Kauspielspaß" geht!

Machen Sie sich dieses Wissen zunutze! Wann immer Sie möchten, dass Ihr Hund sich entspannt, dann sind Kauspiele ganz vorne mit dabei! Profis bauen dies sogar ins Hundetraining ein und sorgen mit Knabbereien in den Pausen für ein ruhiges Lernklima.

 Aha!

Die Sache mit dem Kaugummi

Auch wir Menschen kauen zum Stressabbau – meist, ohne uns dessen bewusst zu sein: Wir knabbern an Stiften und Fingernägeln oder knirschen nachts mit den Zähnen. Anti-Stress-Therapeuten raten sogar: In Zeiten von Leistungsdruck und Terminhetze vermehrt Kaugummi kauen oder Bonbons lutschen!

Alleine zu Hause: mit Kauspielen nur halb so schlimm

Schaut Ihnen Ihr Hund traurig hinterher, wenn Sie das Haus verlassen? Das könnte sich ändern, wenn Sie ihm ab sofort beim Aufbruch eine kleine Knabberei überreichen. Sie können guten Gewissens weggehen – und Ihr Hund ist beschäftigt und beruhigt. Kauspiele eignen sich hervorragend dazu, Trennungsängsten **vorzubeugen** und helfen bei der Therapie. Experten geben an, dass Trennungsängste bei Hunden in der Regel in den ersten 30 Minuten nach Fortgang des Menschen auftreten. Diese kritische Zeitspanne lässt sich perfekt mit Kauspielen überbrücken!

Übrigens: Je angespannter Ihr Hund ist, wenn Sie das Haus verlassen, umso mehr müssen Sie vorher dafür tun, damit er den Kauspielspaß richtig gut findet: Zahlreiche Tipps dazu gibt es im Kapitel Kau-Know-How ab Seite 12. Natürlich ist Kauen kein Allheilmittel. Bei schweren Formen der Trennungsangst sind professionelle Hilfe und eine gezielte Therapie nötig!

Ganz artig: Kauspiele als Trainingshilfe

Was tun die meisten Hunde, wenn sie eine schmackhafte Knabberei ergattert haben? Richtig: Sie ziehen sich damit an ein ruhiges Plätzchen zurück und legen sich beim Kauen sogar hin! Genau dieser Effekt ist im **Alltagstauglichkeitstraining** unschlagbar praktisch: Wer mit Kauen beschäftigt ist, kann zeitgleich nicht den Besuch belästigen, am Tisch betteln oder beim Autofahren bellen. Dazu braucht es keine Trainingserfahrung. Und das Gute: Ohne, dass Sie sich dafür anstrengen müssen, gewöhnt sich Ihr Hund ganz nebenbei daran, in bestimmten Situationen ruhig und artig zu sein.

Perfekt für den Alltag: Kauen als „Minimalprogramm"

Kennen Sie diese Tage: viel um die Ohren und wenig Zeit? Und trotzdem ist es Ihnen wichtig, dass Ihr Hund nicht zu kurz kommt? Dann schlägt die große Stunde der Kauspiele! Denn: Füttern müssen Sie Ihren Hund sowieso – und mit nur ein paar Extra-Handgriffen wird die Mahlzeit zum Event! Die Zeit, die sich Ihr Hund mit Kauspielen vergnügt, können Sie getrost als vollwertige **Beschäftigungszeit** anrechnen.

Geteilte Freude: Kauen als Beziehungsarbeit?!

Sie präsentieren Ihrem Hund etwas zu kauen - und er isst es ohne Ihr weiteres Zutun auf. Was hat das mit Beziehungspflege zu tun? Eine ganze Menge – und Sie werden das beim Ausprobieren garantiert selbst erfahren! Wenn Sie Ihrem Hund etwas Leckeres zu kauen zubereiten, dann wird Ihnen das selbst Spaß machen. Es ist ziemlich wahrscheinlich, dass Sie Gefallen daran bekommen werden, sich neue Kreationen für Ihren Vierbeiner auszudenken. Sie werden sich fragen, was ihm Freude bereiten und schmecken würde und freuen sich schon auf sein genussvolles Gesicht, wenn Sie ihm die Leckerei überreichen. Und Ihr Hund? Der ist natürlich auch ganz Feuer und Flamme. Bereits beim Zubereiten wird er Sie nicht aus den Augen lassen. Er wird verrückt auf Ihre Kreationen sein

Zwei, die sich mögen: Wenn Sie Ihrem Hund etwas Tolles zum Auspacken und Knabbern basteln und er sich darauf freut, dann ist das auch immer Beziehungsarbeit.

– und er wird Sie dafür lieben! Wenn Sie beide das nicht noch weiter **zusammenschweißt** – was dann?!

Alle dabei: Kauspielspaß für jederhund!

Das Schöne an den Kauspielen: Ob Jung oder Alt, ob Groß oder Klein, ob kerngesund oder mit Handicap – **alle** können mitmachen und davon profitieren! Kauspiele sind eine Beschäftigung, die Ihren Vierbeiner durch das gesamte Hundeleben begleiten kann.

Und dazu auch noch gesund: Kauspiele als Zahnpflege

Kauen bedeutet einmal mehr, das Angenehme mit dem Nützlichen zu verbinden. Denn das Raubtiergebiss unserer Hunde will gepflegt werden – und kauen wirkt wie **Zähneputzen**. Wenn Sie Ihrem Hund regelmäßigen Kauspaß gönnen, dann reinigt das die Zähne, beugt der Zahnsteinbildung vor und stärkt die Kaumuskeln.

tipp

Kauen schafft Vertrauen

Auch Neuankömmlinge aus dem Tierschutz, misstrauische oder ängstliche Hunde profitieren von Kauspielen. Selbst wenn sie sich zunächst nur in Abwesenheit des Menschen mit dem Kauobjekt beschäftigen: Sie merken sich, wer ihnen die Leckerei gebracht hat und übertragen die Freude darüber allmählich auf den Menschen.

Spezial
Der Kautyp-Check

Ist Ihr Hund ein eher kräftiger Kauer oder geht er vorsichtig zu Werke? Zu wissen, was für ein „Kautyp" Ihr Hund ist, kann Ihnen bei der Auswahl der Kauspiele und Materialien helfen.

Extrem-Kauer oder Soft-Kauer? Überlegen Sie, wo Sie Ihren Hund einordnen würden – vielleicht auch irgendwo dazwischen?

Der Extrem-Kauer

Er bearbeitet Kauartikel und Kauspielzeuge meist so, wie Mischlingshündin Mali im Bild: mit **ganzer Kraft** und unter **vollem Einsatz** der Zähne. Viele Kauartikel (zum Beispiel Büffelhaut-Kaustangen) werden vom Extrem-Kauer innerhalb von Sekunden geknackt und verschlungen und Spielzeuge im Eifer des Gefechts häufig zerbissen. Für die Kauspiele bedeutet dies, dass Sie bei der Wahl der Materialien besonders sorgfältig vorgehen müssen:

› Kaufen Sie ausschließlich Kauartikel, die als besonders hart gelten und dafür bekannt sind, dass sie Hunde lange beschäftigen, zum Beispiel Ochsenziemer oder Rinderkopfhaut.
› Wenn sie dem Extrem-Kauer Naturkautschuk-Kauspielzeuge gönnen möchten, dann müssen Sie ganz besonders auf deren Qualität und Robustheit achten. Nur wenige Spielzeuge eignen sich, beispielsweise der schwarze Kong.

Der Soft-Kauer

Er bearbeitet die Kauartikel und Kauspielzeuge zwar begeistert, aber eher **vorsichtig** – so, wie Chihuahua Balin im Bild. Zu harte oder zu dicke Kauartikel werden oft verschmäht. Füllbare Naturkautschuk-Spielzeuge werden eher **ausgeschleckt** als angeknabbert. Es kommt selten vor, dass ein Spielzeug zerstört wird.
Für die Kauspiele bedeutet dies:

› Um einen Soft-Kauer für Kauartikel zu begeistern, müssen diese eher weich und dünn sein.
› Für den Soft-Kauer steht eine breite Palette an Naturkautschuk-Kauspielzeugen bereit und Sie können meist problemlos experimentieren. Oft kommen die Soft-Kauer mit eher weichen Spielzeugen (zum Beispiel sogenannte Dentalspielzeuge mit Lamellen) sogar besser zurecht als mit den ganz harten, stabilen.

Mit ganzer Kraft und vollem Zahneinsatz – typisch „Extrem-Kauer". Das ist keine Frage der Größe: Auch kleine und mittlere Hunde können dazugehören!

Eher schlecken als knabbern und immer schön vorsichtig: „Soft-Kauer" in Aktion.

Kau-Know-How

Neuen Kauspaß für Ihren Hund ausprobieren, Altbekanntes neu entdecken, Snackpakete basteln – oder alles bunt kombinieren: Worauf es dabei ankommt, erfahren Sie hier.

Nützliche Tipps

Kauen – das klingt nicht nur einfach, das ist es auch! Der Vierbeiner bekommt ein Kauobjekt und kann loslegen. Die Tipps aus der Kauspiel-Praxis sorgen dafür, dass der Knabberspaß zum puren Vergnügen für Ihren Hund wird.

Das erste Mal: Immer unter Aufsicht

Wann immer Ihr Hund ein neues Kauobjekt von Ihnen erhält: Gehen Sie auf **Nummer Sicher** und testen Sie erst mehrfach unter Aufsicht, wie er damit umgeht, ehe Sie ihn damit alleine lassen. Was tut er beispielsweise mit füllbaren

Schmackhafter Kauartikel, entspannte Atmosphäre: Der ideale Start in den Kauspielspaß!

Naturkautschuk-Spielzeugen, wenn er sie geleert hat? Lässt er sie links liegen oder probiert er, sie zu zerstören? Was stellt er mit dem Verpackungsmaterial für Snackpakete an? Reißt er es nur in kleine Stücke oder will er Pappe und Papier gleich mitfressen?

Übung macht den Meister: Wie man Hunde ans Kauen gewöhnt

Ihr Hund beißt zunächst nicht an? Werfen Sie nicht gleich die Flinte ins Korn. Das kann er lernen! So können Sie ihn dabei unterstützen:

› Schließen Sie zunächst aus, dass ein Zahnproblem vorliegt, welches Ihren Vierbeiner vom Kauen abhält. Dabei kann Ihnen Ihre Tierärztin/Ihr Tierarzt helfen.
› Starten Sie mit besonders einfachen und verlockenden Kauobjekten. Die Erfahrung zeigt: Ganz oben in der hündischen Beliebtheitsskala stehen Naturkautschuk-Spielzeuge, gefüllt und bestrichen mit schmackhaften Schlemmerpasten (siehe Basisrezept auf Seite 47), Leberwurst oder Dosenfleisch. Am häufigsten verschmäht werden von Neulingen sehr harte, trockene Kauartikel wie dicke Büffelhautstangen oder auch zu fest gestopfte Naturkautschuk-Spielzeuge und Snackpakete. Der Schwierigkeitsgrad der Kauspiele kann mit wachsender Routine des Hundes allmählich gesteigert werden.
› Wenn Ihr Hund zunächst nur in ausgewählten, entspannten Situationen kauen mag – zum Beispiel, wenn die ganze Familie beim Essen am Tisch sitzt oder alle abends auf dem Sofa liegen – dann fangen Sie genau dabei an und bringen Sie Ihren Hund auf den Geschmack. Die Chancen stehen gut, dass Ihr Hund bald auch in etwas aufregenderen Situationen, zum Beispiel beim Autofahren, Besuchertraining oder beim Alleinebleiben, gerne einen Kauartikel annimmt.

Faustregel
Je aufregender die Situation, umso attraktiver muss das Kauobjekt sein!

Alle zusammen? Kauen im Mehrhundehaushalt

Garantiert können Sie es selbst am besten einschätzen, wie es in Ihrer Hundegruppe zugeht, wenn Sie Kauobjekte an alle verteilen. Wenn alles friedlich bleibt, jeder in seinem Tempo fressen kann und niemand den anderen bestiehlt: wunderbar! Falls nicht, sorgen Sie lieber für räumliche Trennung. Das verschafft allen die nötige Ruhe und es entsteht kein Futterneid.

Ganz harmonisch: Hund & Kind & Kauspielspaß

Kauspielspaß für den Hund kreieren: Für Kinder ist das ideal – und kann mit jeder Menge Bastelspaß verbunden werden! Dass Sie Ihr Dreamteam dabei immer gut beaufsichtigen, ist selbstverständlich. Und auch, dass Sie dem Nachwuchs die wichtige Spielregel vermitteln: Der kauende Hund wird in Ruhe gelassen. Kauartikel – auch geleerte Kauspielzeuge – nehmen nur Erwachsene weg!

Bastelprofi am Werk: Beim Kauspielspaß können auch Kinder prima mitmischen!

Alles meins? Wenn Hunde ihr Futter verteidigen

Viele unserer Haushunde verteidigen ihr Futter gegenüber uns Menschen nicht. Dennoch schaden ein paar Vorsichtsmaßnahmen nicht – gerade, wenn Ihr Hund noch nicht so lange bei Ihnen lebt:

> Lassen Sie Ihren Hund in aller Ruhe kauen und nehmen Sie die Kauobjekte nicht ohne Grund weg.
> Wann immer Sie Ihrem Hund etwas wegnehmen müssen (zum Beispiel ein leeres Kauspielzeug), bieten Sie ihm ein faires Tauschgeschäft an (etwa ein paar attraktive Futterbröckchen).
> Wenn Sie genau wissen, dass Ihr Hund dazu neigt, Futter zu verteidigen: Geben Sie allenfalls Kauartikel, die Ihr Hund komplett und in einem Zuge verzehren kann und die somit nicht wieder weggenommen werden müssen. Wenn das Problem ernster ist und Ihren Alltag beeinträchtigt, holen Sie sich Hilfe durch eine professionelle Verhaltensberatung.

Kauen für Senioren

Die Kraft der Kiefer lässt allmählich nach, und das eine oder andere Zähnchen ist eingebüßt. Und dennoch, auf den Kauspielspaß müssen auch die betagten Vierbeiner nicht verzichten! Gestalten Sie den Kauspielspaß seniorengerecht: Servieren Sie einfach Kauartikel geringeren Härtegrades, bieten Sie Kauspielzeuge zum Ausschlecken an oder schnüren Sie Ihre Snackpakete aus Papier und Pappe weniger fest! Gleiches gilt natürlich auch für Hunde mit Handicaps beispielsweise im Schnauzen- und Kieferbereich.

Kalorienrechner: Kauen und die schlanke Linie

Logisch, dass Sie die Kauobjekte auf die tägliche Futterration anrechnen. Am besten, Sie planen von vornherein einen Teil der Tagesration für Kauspiele ein! Seien Sie sicher: Ihr Hund wird es lieben, sich sein Futter auf diese Weise erarbeiten zu dürfen.

Kau-Know-How

Passgenau und maßgeschneidert: Kauspielspaß für Ihren Hund

Welche Anregungen auch immer Sie in diesem Buch lesen: Die Fachfrau oder der Fachmann für Ihren speziellen Vierbeiner, das sind Sie! Sie wissen am besten, welche Nahrungsmittel Ihr Hund am liebsten mag und am besten verträgt – oder welche Sie besser weglassen. Ihnen ist klar, worauf Sie speziell bei Ihrem Vierbeiner besonders achten müssen.

Lesen Sie alle Anleitungen also immer mit der gebotenen Sorgfalt – und passen Sie sie auf Ihr persönliches Exemplar an.

Die saubere Lösung: Kauspielspaß wohnungsfreundlich

Gefüllte Kau- und Dentalspielzeuge (siehe Seite 38) bereiten Ihrem Hund viel Freude. Ihrem Teppich aber meist weniger. Sie befürchten Schmierereien, wenn Sie Ihrem Hund Kauobjekte überreichen? Dann

Aha!

Kauspielspaß – egal, wie Sie füttern

„Kauspielspaß für Hunde" ist bewusst kein Ernährungsratgeber. Im Mittelpunkt stehen vielmehr Ideen, wie Sie die Mahlzeiten Ihres Hundes zum Beschäftigungsspaß machen können. Ob Sie Ihren Hund roh füttern, ihn bekochen oder ihn mit Fertigfutter versorgen: Was auch immer Sie füttern, Sie können es in den Kauspielspaß einbauen!

legen Sie einfach ein großes Handtuch auf den bevorzugten Kau- und Knabberplatz Ihres Hundes. Allzu schmierigen Kauspielspaß können Sie auch in den Garten verlagern. Achten Sie im Hochsommer aber darauf, dass Ihr Hund dann nicht von Wespen geplagt werden kann.

Seniorenteller: Kauspielspaß ist absolut keine Frage des Alters!

Sie wissen am besten, was Ihr Hund am liebsten mag und was er verträgt:

Kauartikel:
einfach so

18 Wegweiser im Kausnack-Dschungel

22 Spezial: Kauspaß in Gemüse

Wegweiser im Kausnack-Dschungel

Jeder kennt sie: Ochsenziemer, Büffelhautknochen, Schweineohren und Co. Die getrockneten Kauartikel sind die allereinfachste Form des Knabberspaßes.

Für jeden was dabei!

Vom Huhn bis zum Hirsch, vom Schlund bis zum Schwanz: Die Auswahl getrockneter Kauartikel ist riesig. Auch vegetarische Varianten stehen zur Verfügung. Sie alle sind leicht zu beschaffen, ohne weitere Vorbereitungen zu überreichen – und bei den Vierbeinern hoch im Kurs. Ein Griff in die Futtertonne und schon kann's losgehen! So finden Sie das Passende für Ihren Hund – egal, welcher Kautyp er ist.

Schmeckt nicht? Gibt's nicht!

Waren Sie bislang der Meinung, Ihr Hund sei wenig begeistert von Kauartikeln? Mal ehrlich: Wie viele unterschiedliche Sorten haben Sie ausprobiert? Also, auf ins Zoofachgeschäft, zum Futter-Versandhandel oder zum Metzger Ihres Vertrauens (sofern er Kauartikel herstellt): Kaufen Sie verschiedene Snacks und geben Sie Ihrem Hund die Chance, sich begeistern zu lassen.

Der Kausnack-Check: Bevor Sie sich mit größeren Mengen eines Kauartikel bevorraten, finden Sie anhand von einzelnen Stücken heraus, welche Sorten für Ihren Hund ideal sind. Sie sollten ihm
- gut schmecken,
- langes Kauvergnügen bieten und
- von ihm gut vertragen werden.

Und wenn Ihr Hund in bestimmten Situationen keine Kauartikel annimmt? Was Sie dann tun können, um Ihren Hund zum „Anbeißen" zu bringen, erfahren Sie im Kau-Know-How ab Seite 13.

Je länger – je lieber!

Logisch: Damit der Knabberspaß zur Beschäftigung wird, muss er lange dauern! Erst dann entfaltet das Kauen auch seine vielfältigen positiven Nebenwirkungen, wie zum Beispiel den Beruhigungseffekt. Berücksichtigen Sie das bei Ihren Tests: Ideal sind Kausnacks, auf die sich Ihr Hund zwar begeistert stürzt, die ihn

Tipp

Knochen als Kausnacks?
An „echten" Knochen zum Kauen scheiden sich die Geister. Fragen Sie im Zweifelsfall Ihre Tierärztin oder Ihren Tierarzt! In jedem Fall gilt: Füttern Sie niemals gekochte Knochen oder solche, die splittern, denn diese können schwere innere Verletzungen verursachen!

dann aber richtig lange beschäftigen! Wie lange, das ist bei jedem Hund und bei jedem „Kautyp" verschieden. Oft hängen Härtegrad und Beschäftigungsdauer zusammen. Trockenpansen und getrocknete Lunge beispielsweise gehören zu den Kauartikeln, die von vielen Hunden sehr schnell verputzt werden. Sie sind vor allem für Soft-Kauer und zum Einstieg ins Kauen ideal, nicht jedoch für den langen Knabberspaß. Ganz am oberen Ende der Skala bewegen sich – bezogen auf Härtegrad und Beschäftigungsdauer – zum Beispiel Rinderkopfhaut und Ochsenziemer. An ihnen haben auch Extrem-Kauer meist richtig zu tun!

Weil die angebotenen Kauartikel so vielfältig und die Hunde – vom Chihuahua bis zur Dogge – so verschieden sind: Orientieren Sie sich an den Angaben von Herstellern und Händlern. Erkundigen Sie sich nach deren Erfahrungswerten in Bezug auf Rasse, Alter und Kaubegeisterung Ihres Vierbeiners.

Wohl bekomm's!

Allergien und Nahrungsmittelunverträglichkeiten: Auch in der Hundewelt haben sie leider zugenommen. Achten Sie deshalb ganz besonders darauf, welche Kauartikel Ihrem Vierbeiner gut bekommen.

Einen Hinweis auf die Qualität der Kauartikel geben Ihnen die Angaben und Deklarationen der Hersteller. Es gilt die Devise: Je naturbelassener, desto besser. Damit der Kauspaß nicht zu einseitig bleibt: Variieren Sie zwischen Kauartikeln, die Ihrem Hund gut bekommen.

Wenn Ihr Hund bereits unter Futtermittelallergien leidet: Gut verträglich sind erfahrungsgemäß Kausnacks von Pferd, Strauß, Kaninchen oder Hirsch sowie von „exotischen" Tierarten wie Känguru oder Kamel.

Damit Ihr Hund schlank und fit bleibt, bedenken Sie: Durch den intensiven Trocknungsprozess schrumpft zwar die Masse, nicht aber der Nährstoffgehalt! Ein Beispiel gefällig? 100 g Trockenpansen enthalten den Nährstoffgehalt von rund 400 g frischem Pansen. Vergessen Sie deshalb nicht, die Knabbereien auf die tägliche Futterration anzurechnen! Je kleiner der Hund, desto wichtiger ist das: 1 Schweineohr von 50 g beispielsweise deckt den halben Kalorien-Tagesbedarf eines 8 kg schweren Hundes! Natürlich gibt es auch Kauartikel, auf denen Ihr Hund „einfach so" herumkauen kann – ohne, dass er dabei etwas zu sich nimmt. Allerdings ist der Kauspaß ohne Kalorien meist von deutlich geringerer Akzeptanz als die essbaren Knabbereien. Robuste

Für jeden was dabei: Die Auswahl getrockneter Kauartikel ist riesig!

Kauartikel: einfach so

Check

Kauartikel richtig einkaufen und lagern

Hochwertige Kauartikel

- ✓ werden nicht chemisch, sondern im Naturverfahren getrocknet (Lufttrocknung bzw. Dörren),
- ✓ werden ohne chemische Konservierungs-, Farb- und Geschmacksstoffe, Bleichmittel oder Weichmacher hergestellt,
- ✓ stammen ausschließlich von Tieren, die auch für den menschlichen Verzehr zugelassen wurden,
- ✓ stammen, wenn Ihnen auch das Wohl der Schlachttiere am Herzen liegt, aus regionaler Schlachtung oder sogar aus einem Bio-Betrieb.

Tipps zur Lagerung:

- ✓ Bevorraten Sie sich nur mit der Menge, die Sie in überschaubarer Zeit verfüttern können.
- ✓ Lagern Sie Ihre Kauartikel stets trocken und in fest verschließbaren Verhältnissen: das schützt vor Schimmel und Schädlingen.

Spielzeuge aus Nylon oder Gummi werden zudem häufig mit Aromastoffen versetzt, um den Hund zum Anbeißen zu bringen. Beachten Sie auch Warentests zu Schadstoffen in Hundespielzeugen. Als Naturprodukt ohne Kalorien stehen etwa Baumwolltaue, Schaffellstückchen oder robuste Kauwurzeln zur Verfügung. Ungeeignet wegen Splittergefahr: Stöckchen!

Sicherheitstipp: Trockenkauartikel, die nicht sofort komplett zerkaut werden können, sollten Sie zunächst nur unter Aufsicht kauen lassen, damit Ihr Hund keine große Stücke unzerkaut herunterschlingt.

Käsefuß – Büffelhautschuh mal anders

Sie möchten auch mäklige Vierbeiner begeistern oder Ihren Hund mit einem besonderen Kauvergnügen überraschen? Füllen Sie einen Büffelhautschuh und machen Sie ihn zum Käsefuß. Verwenden können Sie dafür alles, was Ihr Hund mag und was in den Schuh passt. Meist hoch im Kurs: eine Füllung aus Käse und Quark.

Sie brauchen:
- 1 Büffelhautschuh
- Schmelzkäse, maximal 1 Scheibe
- etwas Magerquark

So geht's:
1. Drücken Sie den Schmelzkäse an die Innenwände des Büffelhautschuhs und verstreichen Sie ihn dort.
2. Füllen Sie dann Quark in den Schuh. Und dann darf Ihr Hund loslegen. Wetten, er wird begeistert sein?

Wegweiser im Kausnack-Dschungel

Wer kaut was?
Eine kleine Auswahl von getrockneten Kauartikeln für alle Lebenslagen und für alle Hundetypen finden Sie in der folgenden Tabelle. Sie soll Ihnen den Einstieg in den Kausnack-Dschungel erleichtern und macht Ihnen hoffentlich Lust, sich weiter vorzuwagen und noch mehr zu entdecken.

Wichtig: Alle Angaben basieren auf allgemeinen Erfahrungswerten und können naturgemäß nicht 100%ig auf Ihren persönlichen Vierbeiner mit seinen spezifischen Bedürfnissen zugeschnitten sein. Halten Sie im Einzelfall Rücksprache mit den Herstellern und Händlern oder holen Sie sich tierärztlichen Rat ein.

Hundetyp / Kautyp	Trocken-Kausnacks
Durchschnittskauer / Einstiegskollektion	Rinderlunge, Rinder-, Lamm- und Kaninchenohren, Ochsenziemer, Rinderkopfhaut
Soft-Kauer	Rinderpansen, Rinderlunge, Hühnerfleischstreifen, Lachs, Hühnerherzen
Extrem-Kauer	Ochsenziemer, Rinderkopfhaut, Rindernackensehne, Rinderfellstreifen, Geweihabwurfstangen
besonders kleine Hunde	Kalbskniesehnen, Hühnerfleischstreifen, Kalbsblasen, Hühnerherzen **Tipp:** Kauartikel für „die Großen" mit einer handelsüblichen Handsäge auf die gewünschte Größe für die Minis zersägen oder direkt den Händler danach fragen
besonders große Hunde	Ochsenziemer ganz, Rinderohren mit Muschel, Rinderfellstreifen, Rinderkopfhaut große Stücke
Welpen	Rinderpansen, Kalbsblasen, Kalbskniesehnen, Lammohren, Kaninchenohren
Hundesenioren (schwache Kaumuskulatur, wenig Zähne)	Rinderpansen, Rinderlunge, Kalbsblasen, Hühnerfleischstreifen, Lachs
übergewichtige Hunde	Rinderlunge, Rinder- und Kalbssehnen, Rinderfellstreifen, Rinderkopfhaut, Geweihabwurfstangen, Wildfleisch-/Hühnerfleischstreifen, getrocknetes Vollkornbrot, außerdem: rohe Möhren, Äpfel
Hunde, die dazu neigen, Futter zu verteidigen	Kauartikel, die üblicherweise in einem Zuge komplett gefressen werden, zum Beispiel: Rinderpansen, Rinderlunge, Hühnerfleischstreifen, Hühnerherzen, getrocknetes Vollkornbrot
futtersensible Hunde / Allergiker	Kauartikel von Pferd, Kaninchen, Strauß und „exotischen" Tierarten wie Känguru und Kamel
vegetarische Kauartikel	Kausnacks auf Algenbasis, Reisknochen, getrocknetes Vollkornbrot, außerdem: rohe Möhren, Äpfel

Spezial
Kauspaß in Gemüse

Kalorienarm, bekömmlich, gut für die Zähne: Möhren, Äpfel und anderes knackiges Obst und Gemüse sind die perfekte Ergänzung des hündischen Knabberprogramms.

Viele Hunde kauen gerne mal eine Möhre – und sind oft schnell damit fertig. Andere verschmähen das rohe Gemüse. Ob Ihr Vierbeiner schon Gemüsefan ist oder noch nicht: Wenn Sie die Möhre ein bisschen „aufrüsten", dann hat er garantiert Spaß daran! Für Möhrenschlinger bedeutet das oft verlängerten Kauspaß, für Möhrenverächter eine ganz neue Erfahrung mit dem Gemüse und für alle eine Riesen-Überraschung!

davon ausgehen müssen, dass Ihr Hund die Möhre dreht und wendet, zerlegt und eventuell in Teilen wieder ausspuckt, legen Sie am besten ein altes Handtuch unter seinen Lieblings-Kauplatz. Alternativ überreichen Sie die Möhre draußen im Garten.

Das Grundrezept

Ihre Grundausrüstung: ein Apfelausstecher und etwas Fantasie. Damit geht's zur Sache:
1. Mit dem Apfelausstecher durchbohren Sie die Möhre. Ob in Längsrichtung oder quer, ob einfach oder mehrfach, das hängt von der Größe und Dicke der Möhre ab.
2. In die entstehenden Öffnungen schmieren und stopfen Sie verschiedenste leckere Überraschungen: spezielle ungewürzte Hundeleberwurst, Schmelzkäse, Quark, Hundekekse, Futterbröckchen – alles, was Ihr Hund mag und verträgt!
3. Überlegen Sie, wo Sie Ihrem Hund die gefüllte Möhre servieren: Weil Sie

Möhre spezial: Mit dem Apfelausstecher werden Löcher hineingebohrt.

Feinschmecker-Füllung mit Quark, Schmelzkäse und ein paar Hundekeksen.

Die Sache mit den Vitaminen

Übrigens: Den Vitamingehalt der Möhre kann Ihr Hund nicht verwerten, wenn Sie sie als Kausnack verabreichen. Das geht nur, wenn Sie sie pürieren oder andünsten und noch etwas Öl hinzugeben. Das bedeutet aber auch, dass Ihr Hund Möhren knabbern kann, ohne dass Sie sich um eine Überversorgung mit Vitaminen Gedanken machen müssen. Das ist gerade dann praktisch, wenn Möhren im Rahmen von Diäten als sattmachender Füllstoff eingesetzt werden. Für anderes Obst und Gemüse gilt das übrigens genauso.

Die Einstiegstipps

Je weniger Ihr Hund Möhrenfan ist,
> umso dünner sollte die verwendete Möhre sein,
> umso mehr Öffnungen sollten Sie vorsehen und
> umso verlockender und „klebriger" sollte die Füllung sein. Ideal sind Schmelzkäse oder Hundeleberwurst!

Unwiderstehlich wird die Möhre, wenn Sie sie hauchdünn von außen mit Schmelzkäse beschmieren und für ein paar Sekunden auf einem Teller in die Mikrowelle geben, bis der Käse auf der Möhre verlaufen ist (je nach Leistung der Mikrowelle ca. 20 Sekunden). Vor dem Servieren gut auskühlen lassen!

Die Chancen, dass Ihr Hund doch noch zum Möhrengourmet wird, sind gut! Erzwingen können Sie natürlich nichts: Wenn Ihr Hund nach ein paar Anläufen immer noch mehr Möhre ausspuckt als mitfrisst, dann weichen Sie auf einen anderen Kauspaß aus!

Überraschung gelungen! Diese Möhre kommt gut an!

Die Variationen

Ihr Hund bekommt gelegentlich anderes rohes Gemüse oder Obst zu knabbern? Wenn es hart genug ist, können Sie ab und an ähnliche Überraschungen einbauen und so aus Ihrem Vierbeiner einen noch größeren Gemüsefan machen. Wie wäre es zum Beispiel mit einem Hundebratapfel? Einfach

1. das Kerngehäuse entfernen,
2. ein paar Leckerbissen hineinfüllen,
3. Bohrloch mit Käse verschließen,
4. ein wenig Schmelzkäse auf die Außenseite streichen,
5. dann alles auf einem Teller für ein paar Sekunden in die Mikrowelle geben, bis der Käse verlaufen ist.

Auch hier wichtig: Vor dem Servieren mindestens eine halbe Stunde auskühlen lassen!

Alles aus Pappe:
Snackpakete für Hunde

26 Schlemmerpäckchen & Papptresore

30 Schatzkisten & Wundertüten

34 Auspackspaß palettenweise

Schlemmerpäckchen & Papptresore

Ab jetzt wird's kreativ! Fast alles, was Ihr Hund frisst, können Sie auch einpacken! Das Verpackungsmaterial: Papier und Pappe in nahezu allen Variationen. Alles Dinge, die in jedem Haushalt verfügbar sind. Packen Sie Ihrem Vierbeiner Snackpakete – und bereiten Sie ihm gleich doppelte Freude: Hunde lieben es, Geschenke auszupacken. Mindestens genauso wichtig wie der Inhalt ist aus Hundesicht die Verpackung. Oder besser gesagt: deren Zerlegung. Denn Hunde sind die geborenen Recycling-Experten. Reißen und Schreddern, das macht sie glücklich!

> Packpapier, das Sie zusammenknüllen,
> eine Papprolle von Toiletten- oder Küchenpapier, deren Enden Sie nach innen einknicken,
> eine Papiertüte oder
> einen Papp- oder Eierkarton, den Sie schließen.

Wenn Sie die Enden der Papprolle nach innen einknicken, entsteht daraus ein schöner kleiner Futtertresor.

Der Kauspielspaß

Der Mensch packt ein, der Hund packt aus. Dabei dürfen so richtig die Fetzen fliegen und Ihr Hund kann seine ganz eigene Methode entwickeln, um an die Leckerei zu gelangen.

> Komplett kostenlos! Alles, was Sie brauchen, haben Sie bereits zu Hause: Futter für Ihren Hund (Hundekekse, Trockenfutter) und jede Menge Papier und Pappe.
> Für alle Hunde geeignet – es sei denn, sie fressen die Verpackung gleich mit.

Jetzt darf Ihr Hund ran! Einige Vierbeiner gehen sehr vorsichtig zu Werke, andere zerlegen das gesamte Verpackungsmaterial. Beides ist in Ordnung!

Sicherheit: Versichern Sie sich, dass sich an und in Ihren verwendeten Papp-Verpackungen keine Metallklammern, Plastikfolie, Klebeband- oder Klebstoffreste oder schädliche Inhaltsrückstände befinden. Wenn Ihr Hund dazu neigt, auf der Verpackung herumzukauen, ist neutrales Packpapier (statt Zeitungspapier mit Druckerschwärze oder farbigem Geschenkpapier) die sicherste Variante.

Das Grundrezept

Nehmen Sie sich ein paar Futterbröckchen und packen Sie sie ein, beispielsweise in

Reißen, zerlegen, auspacken: Hunde lieben es – und an Snackpaketen ist es erlaubt!

Tipp

Was tun, wenn mein Hund die Verpackung gleich mitfrisst?
Sie können dem vorbeugen, indem Sie ausschließlich trockenes Futter verpacken, dessen Aroma kaum ins Verpackungsmaterial zieht. Und falls Ihr Hund Papier und Pappe trotzdem zum Fressen gerne hat: Dann weichen Sie besser auf andere Kauspiele aus!

> das Packpapierpäckchen nur sehr locker zerknüllen,
> die Papprolle nur an einem Ende verschließen,
> den Kartondeckel oder die Papiertüte offen stehen lassen.

Erst, wenn Ihr Hund gut klar kommt, kann es schwieriger werden.

Die Variationen

Die Variationsmöglichkeiten sind so vielfältig wie die Verpackungsmaterialien! Jede davon erfordert leicht geänderte Auspacktechniken – und erhöht damit den Beschäftigungseffekt.

Die Einstiegstipps

Hunde sind Naturtalente im Schreddern und Reißen. Trotzdem brauchen viele eine Starthilfe. Die können Sie geben, indem Sie anfangs den Zugang zum Futter ganz leicht machen und zum Beispiel

Keks einwickeln, Packpapier-Wurst in die Röhre stopfen – fertig ist die Papproulade.

Langer Auspackspaß, im wahrsten Sinne des Wortes: Der Packpapierstreifen mutiert zum Lindwurm.

Papp-Roulade

1. Statt ein Papprollen-Snackpaket an den Enden zuzudrücken, verschließen Sie es mit Packpapier-Stopfen, die vom Hund hinausgezogen werden müssen.
2. Alternativ rollen Sie Futter in Packpapier zu einer Wurst ein – so dick, dass Sie sie gerade noch in die Papprolle schieben können.

Leckerchen-Lindwurm

1. Nehmen Sie einen langen Packpapierstreifen.
2. Wickeln Sie ein Stück Futter neben dem anderen jeweils wie ein Bonbon ein. Dazu können Sie das Papier dazwischen verdrehen.
3. Ihr Leckerchen-Lindwurm mutiert zur Papierschlange, wenn Sie zusätzlich Papprollen von Toiletten- oder Küchenpapier darüber schieben.

Variationen in Karton

1. Variieren Sie die Größe der eingesetzten Pappkartons: Wie wäre es zum Beispiel mal mit einem, der viel größer ist als Ihr Hund?
2. Auch wenn Auspackspiele eher mit Zerreißen denn mit ausgefeilter Technik zu tun haben: Verwenden Sie bewusst Kartons mit unterschiedlichen Deckelformen (Klappdeckel, abnehmbarer Deckel etc.) für Ihr Snackpaket.
3. Entwickeln Sie generell einen Blick für interessante Verpackungen und bauen Sie deren Besonderheiten in den Kauspaß ein. Beispielsweise haben Kartonagen, die zum Transportschutz von Elektrogeräten verwendet werden, oft abenteuerliche Formen.

Entwickeln Sie den Blick für das Besondere: Hier wird der Transportschutz eines Fernsehers zum Abenteuer für Balin.

Schatzkisten & Wundertüten

Der Kauspielspaß

Ein Päckchen kommt selten allein! Jetzt werden Schlemmerpäckchen und Papptresore noch einmal verpackt.

› Besonders langer Auspackspaß.
› Sie können hier locker eine ganze Trockenfuttermahlzeit oder eine Portion Hundekekse verpacken und verfüttern.

Das Grundrezept

Packen Sie gleich eine ganze Reihe von Schlemmerpäckchen und Papptresoren, wie auf Seite 26 beschrieben. Damit befüllen Sie beispielsweise
› eine große Papiertüte,
› eine stabile Kunststoffbox,
› einen Pappkarton, dessen Deckel Sie zusätzlich schließen oder
› eine große dicke Papröhre (zum Beispiel Versandrolle, Teil einer Großkopierer-Papierrolle oder Teppichrolle aus dem Baumarkt).

Aufgabe für Ihren Hund: Alles auspacken! Beachten Sie bei der Wahl der Materialien die üblichen Sicherheitstipps und stellen Sie sicher, dass Sie alle Metallklammern, Plastikfolien und Klebeband- oder Klebstoffreste entfernt haben. Es sollten auch keine schädlichen Inhaltsrückstände in den Verpackungen enthalten sein.

Die Einstiegstipps

Üben Sie mit Ihrem Hund zuerst das Auspacken einzelner Päckchen, wie im Kapitel Schlemmerpäckchen & Papptresore ab Seite 26 erklärt. Stopfen Sie die Päckchen dann zunächst nur locker in die Schatzkiste oder Wundertüte, sodass Ihr Hund sie problemlos herausarbeiten kann.

Wird mein Hund nun zum Zerstörer?
Keine Sorge: Nur, weil Sie Ihrem Hund den Auspackspaß mit Papier und Pappe gönnen, wird er nicht über Ihre Zeitung oder die Postpakete herfallen! Meist ist das Gegenteil der Fall: Hunde, die genügend Erlaubtes zum Kauen, Nagen und Reißen bekommen, verschonen viel häufiger das Unerlaubte! Wenn Sie das „Erlaubte" noch deutlicher kennzeichnen wollen: Lassen Sie Ihren Hund beim Einpacken zuschauen. Überreichen Sie ihm sein Päckchen mit einem kleinen Ritual, zum Beispiel, indem Sie Ihren Hund erst „Sitz" machen lassen. Das zeigt ihm noch deutlicher: „Das, was du jetzt von mir bekommst, das ist für dich!"

Rechte Seite: Auch so kann der Futternapf aussehen! Auspackspaß ohne Ende für Balin!

Die Variationen

Wie in der Natur: Auf welche Weise sich der Hund sein Futter erbeutet, ist immer etwas anders. Greifen Sie das auch beim Auspackspaß auf.

Schatzkiste 3D
1 Nehmen Sie einen großen Karton und schneiden Sie Löcher in die Seitenwände. Der Lochdurchmesser sollte knapp so groß sein wie die Schlemmerpäckchen. Wenn Sie es sich einfach machen wollen: Verwenden Sie eine Bohrmaschine mit Dosenbohrer-Aufsatz.
2 Klemmen Sie die Schlemmerpäckchen in die Löcher.
3 Aufgabe für Ihren Hund: Alle Seiten des Kartons inspizieren, einen langen Hals machen und die Päckchen herausziehen.

Tolle Rolle
1 Bohren Sie große Löcher (mindestens 3 cm Durchmesser) in eine stabile Pappröhre. Am besten, Sie verwenden dafür eine Bohrmaschine mit Dosenbohrer-Aufsatz.
2 Rollen Sie Futter zu Packpapier-Würsten ein.
3 Schieben Sie die Packpapier-Würste durch die Löcher quer durch die Röhre.
4 Jetzt ist Ihr Hund am Zuge – im wahrsten Sinne des Wortes.

Schlemmerpäckchen in 3D: Ein großer Karton macht's möglich.

Durchlöchert und Packpapierwürste hindurchgeschoben: Das ist die tolle Rolle.

Schatzkisten & Wundertüten

Karton-Matroschka
1. Kennen Sie die ineinander verschachtelten russischen Püppchen? Zu so einer „Matroschka" kann auch Ihre Schatzkiste werden! Verschachteln Sie dafür mehrere Kartons ineinander, von groß nach klein.
2. In jeder Schachtel verstecken Sie ein Stück Futter.

Ein lustiger Ausdauertest für Ihren Hund.

Schlemmer-Girlande
1. Fädeln Sie Papprollen von Toiletten- oder Küchenpapier auf eine Schnur.
2. Dann füllen Sie jede Rolle mit einem Packpapier-Snackpaket.
3. Befestigen Sie die Schlemmer-Girlande nun in einer Höhe, die Ihr Hund bequem erreichen kann. Seine Aufgabe: die Snackpakete aus den Rollen herauszuziehen.

Wichtig: Weil viele Hunde probieren, die Schnur mit den Vorderpfoten herunterzudrücken, müssen Sie besonderes Augenmerk auf die Stabilität der Befestigung legen. Am besten, Sie und ein Helfer halten die Schnur fest. In jedem Fall sollten Sie immer dabei sein, während Ihr Hund nach den Päckchen angelt!

Ganz anders als gewohnt: Snackpakete an der Leine!

Ein Karton im Karton im Karton: Ausdauertest Karton-Matroschka.

Auspackspaß palettenweise

Der Kauspielspaß

Eben noch im Supermarkt, jetzt ein Hunde-Auspack-Spiel: Kauspielspaß mit Papp-Paletten!

> Für Menschen mit Fantasie und Hunde, die gern auspacken!
> Der Auspackspaß wird hier zum Brettspiel.

Die Eierpalette als Schlemmerparadies: Päckchen in den Vertiefungen, Leckerlis in den Spitzen und oben mit Naturbast noch ein besonderes Bonbon aufgeschnürt.

Das Grundrezept

Halten Sie im Supermarkt Ausschau nach Eierpaletten oder Papptrays von Joghurt- oder Quarkbechern. Die gibt es dort in Hülle und Fülle! Was Sie damit anstellen können, gibt die Form der Palette vor. Zum Beispiel:
> Statt mit Eiern bestücken Sie die Vertiefungen der Palette mit kleinen Packpapier-Päckchen. Wenn die Erhebungen dazwischen Löcher haben: Nutzen Sie diese, um einzelne Schlemmerpäckchen zusätzlich mit Naturbast auf die Palette zu binden oder um Futterbröckchen hineinzudrücken.
> Anstelle von Joghurtbechern stellen Sie verschlossene Toilettenpapier-Papprollen (die Sie vielleicht wiederum mit Packpapier-Päckchen füllen) in den Tray.

Tipp: Gehen Sie sparsam mit Eierpaletten um, denn diese werden häufig von den Händlern wiederverwendet. Papptrays für Joghurt- und Quarktöpfchen können Sie nach Herzenslust verbrauchen: Sie landen in jedem Fall im Altpapier – ob im Supermarkt oder bei Ihnen.

Rechte Seite: Auspackspaß palettenweise: Nadu findet es toll.

Alles aus Pappe

Tipp

Jeder auf seine Weise
Überlassen Sie es Ihrem Hund, wie er auspackt! Manche Hunde entpacken fein säuberlich die Palette, sodass Sie sie wiederverwenden können. Bei anderen wird die Palette gleich mit zerlegt. Beides ist in Ordnung – solange Ihr Hund die Palette nicht mitfrisst!

Die Einstiegstipps

Üben Sie mit Ihrem Hund zunächst das Auspacken einzelner Päckchen, wie im Kapitel Schlemmerpäckchen & Papptresore ab Seite 26 beschrieben. Wenn er das gut kann, schafft er auch die Paletten! Stopfen Sie diese am Anfang nur locker. Schüchternen Hunden helfen Paletten mit breiten Öffnungen, aus denen sie zunächst ein paar unverpackte Futterbröckchen naschen dürfen – während Sie die Palette gut festhalten, sodass sie nicht hin- und herrutscht

Die Variationen

Hochstapler oder Hütchenspieler – wo hat Ihr Hund die größten Talente? Testen Sie die Variationen und finden Sie es heraus!

Paletten-Stapler
Eierpaletten können wunderbar gestapelt werden. Machen Sie ein lustiges Spiel daraus.
1 Besorgen Sie sich einen Karton, der gerade so groß ist, dass eine Eierpalette darin Platz findet (zum Beispiel ein großer Schuhkarton). Alternativ schneiden Sie Ihre Eierpaletten passend zurecht.

Schichtsalat für Hunde: Polly arbeitet sich durch.

Hütchen-Spiel mal anders: Die Becher sind voll mit Snackpaketen. Achten Sie bei dieser Spielart immer darauf, dass Ihr Hund die Becher nicht zerbeißt.

2 Bestücken Sie mehrere Eierpaletten mit losen Futterbrocken oder kleinen Packpapier-Snackpaketen.

3 Stapeln Sie die bestückten Paletten aufeinander und packen Sie sie in den Karton – fertig ist der Schichtsalat für Hunde.

So klappt's besser: Ihr Hund tut sich schwer mit den gestapelten Paletten?
› Dann lassen Sie zunächst den umgebenden Karton weg und starten Sie mit einer einzelnen Palette.
› Kommen weitere ins Spiel, werden diese zunächst etwas versetzt gestapelt, sodass sich schneller Erfolg einstellt.
› Natürlich können Sie anstelle der Eierpaletten auch Ihre Papptrays in einem passenden Karton übereinanderstapeln.

Hütchen-Spiel

1 Für dieses Spiel benötigen Sie einige Kunststoffbecher, zum Beispiel Trinkbecher, Joghurtbecher oder kleine, unbenutzte Blumentöpfe – gerade so groß (oder klein), dass sie in die Öffnungen Ihres Papptrays passen.

2 Bestücken Sie die Becher mit Packpapier-Snackpaketen.

3 Setzen Sie die Becher dann in die Öffnungen des Papptrays – einige mit der Öffnung nach oben, die anderen mit der Öffnung nach unten.

4 Aufgabe für Ihren Hund: Die Becher beiseite schubsen, um an die Snackpakete zu gelangen.

5 Haben Sie ein Auge drauf, dass Ihr die Becher nicht zerbeißt!

6 Als Alternative zum Papptray können Sie auch einen stabileren Kunststoff-Blumentopftray aus dem Baumarkt verwenden.

Schlemmerspaß
im Kauspielzeug

40 Hohl und lecker: Kong & Co.!

46 Spezial:
Die Hunde-Schlemmer-Schule

52 Schmackhaft mit Ritzen und Rillen:
Dentalspielzeuge

54 Außerirdisch gut: Snack-Ufos

56 Einfach köstlich: Schlemmertabletts

60 Spezial:
Hunde-Slow-Food mit Futterspendern

64 Ungeahnte Möglichkeiten:
Wunderwelt der Wabenbälle

68 Die Hunde-Eisdiele

Hohl und lecker: Kong & Co.!

Wetten, dass es in Ihrem Haushalt das eine oder andere Naturkautschuk-Spielzeug gibt, das Sie irgendwann einmal für Ihren Hund angeschafft haben?

Der Kauspielspaß

Los geht es mit dem Klassiker, dem Kong. Die Hundewelt ist verrückt nach diesem hohlen Naturkautschuk-Kegel, der in schier unendlichen Variationen mit Essbarem befüllt werden kann.

Unglaublich, was der Kong alles kann:
> Ultra-robust: Nichts ist unkaputtbar, aber der Original-Kong kommt schon nahe heran. Dadurch eignet er sich auch für die meisten Extrem-Kauer.
> Unverwüstlich: Er hält Spülmaschine und Gefriertruhe problemlos aus.
> Unglaublich vielseitig: Er ist variantenreich und individuell befüllbar.
> Ultra-praktisch: Ideal zur Beschäftigung und Standard-Hilfsmittel in Verhaltenstherapie und Training.

Am besten, Sie holen es sofort aus der Ecke hervor und schauen, ob es Öffnungen, Spalten oder Rillen aufweist. Falls ja: Ab sofort ist das Beschäftigungsprogramm für Ihren Hund um eine Attraktion reicher!

Lassen Sie sich überraschen, wie vielfältig Sie die Spielzeuge mit Futter bestücken und Ihrem Hund kredenzen können. Bekommen Sie Spaß an den verschiedensten Rezept-Kreationen und probieren Sie selber neue aus! Sie lernen in diesem Kapitel verschiedene Modelle von Spielzeugen mit ihren jeweiligen Vorzügen und Möglichkeiten kennen. Bestimmt finden Sie darin Anregungen für Ihr Spielzeug zu Hause. Und wenn Sie tatsächlich noch keines haben sollten, bieten Ihnen diese Seiten Orientierung für Ihre Einkaufstour – damit Sie das Kauspielzeug finden, das am besten zu Ihrem Hund passt.

Lange Reihe und für jeden was dabei: Kongs gibt es in allen Größen und Härtegraden.

Hier sind die spitzen Welpenzähnchen gut aufgehoben: Der Kong hält eine Menge aus!

Schlemmerspaß im Kauspielzeug

Welcher Kong für meinen Hund?

Härtegrad (erkennen Sie an der Farbe)	
roter Kong	für durchschnittliche Kauer
schwarzer Kong	für Extrem-Kauer, Hunde mit besonders kräftigem Kiefer
blauer/rosa Kong	besonders weich, für Welpen und Soft-Kauer
lila Kong	besonders weich, für Hundesenioren und Soft-Kauer

Faustregel: Wenn Sie unsicher sind, was für ein Kautyp Ihr Hund ist, nehmen Sie von vornherein den schwarzen Kong. Damit kommen auch „Normal-Kauer" gut klar.

Größe	
S (ca. 7 cm)	zu klein für den Kauspielspaß!
M (ca. 8,5 cm)	für kleine Hunde, z.B. Chihuahuas, Dackel, kleine Terrier
L (ca. 10 cm)	die wohl gebräuchlichste Größe, für mittelgroße Hunde, vom Cocker-Spaniel bis zum Border Collie
XL (ca. 13 cm)	für große, kräftige Hunde, z.B. kräftige Labradors, Rottweiler, große Schäferhunde
XXL (ca. 15 cm)	für die Giganten, z.B. Molosser, große Doggen

Faustregel: Wählen Sie die Größe des Kongs so, dass Ihr Hund ihn nicht verschlucken kann, jedoch mit der Zunge auf den Boden des Hohlraums gelangen kann. Bei Extrem-Kauern im Zweifelsfall eine Nummer größer nehmen!

Das Grundrezept

Grundsätzlich gilt: Fast alles, was Ihr Hund fressen darf, können Sie auch in den Kong stopfen – und Ihr Hund arbeitet es mit Genuss wieder heraus. Mit dem folgenden Grundrezept stehen Ihnen unzählige Variationen zur Verfügung: Sie können die Bausteine einzeln, in der angegebenen Reihenfolge oder beliebigen Kombinationen umsetzen. Hauptsache, Ihr Hund hat Spaß dabei.

› Innenwandverkleidung: Bestreichen Sie die Innenseite des Kongs zum Beispiel mit Brotaufstrich wie Schmierkäse, Teewurst oder vegetarischer Pastete. Sie können auch Hundeleberwurst, Quark oder eine Schlemmerpaste (Grundrezept siehe Seite 47) verwenden oder drücken etwas klebrigen Schmelzkäse hinein.

› Füllung: Stopfen Sie zum Beispiel Trocken- oder Feuchtfutter, Obst, Gemüse, Kartoffeln, Nudeln oder Reis in den Kong. Je „klebriger" die Konsistenz und je fester gestopft, umso länger währt der Kauspaß.

› Verschluss: Stecken Sie einen Hundekeks so in die Masse, dass er aus der oberen, großen Öffnung herausschaut. Etwas schwieriger wird's, wenn Sie einen Hundekeks oder ein Stück Möhre in der Öffnung verkeilen.

Kong auslaufsicher

Wenn der Inhalt Ihres Kongs sehr feucht ist, dann verschließen Sie die untere, kleine Öffnung mit etwas Erdnussbutter. So wird nichts auslaufen und schmieren.

Die Einstiegstipps

Sie haben den Kong mit Liebe gefüllt und Ihr Hund lässt ihn scheinbar links liegen? Dann ist die Wahrscheinlichkeit groß, dass er erst lernen muss, das Futter aus der kleinen Öffnung herauszuarbeiten – und er schlichtweg aus Frust aufgegeben hat. So sorgen Sie für schnelle Erfolge:

> Schmieren Sie zunächst ausschließlich ein wenig Hundeleberwurst, Quark oder Schlemmerpaste in den oberen Teil des Kongs und rund um die Öffnung – so, dass Ihr Hund es ganz leicht schlecken kann.
> Sorgen Sie dafür, dass die Füllung besonders leicht herauszuarbeiten ist, wenn Sie den Kong das erste Mal „richtig" füllen.

Von den ersten Erfolgen beflügelt, wird Ihr Hund immer besser darin werden, den Kong zu leeren – auch, wenn Sie ihn nach und nach fester stopfen.

Tipp: Verzweifelt Ihr Hund, weil er den letzten Rest Futter nicht aus der Kongspitze herausbekommt? Dann sollte die untere Schicht des Kongs aus Trockenfutter oder Hundekeksen bestehen, denn das fällt schneller heraus.

Der Kong für Könner

Ihr Hund ist geübt im Leeren des Kongs und bereits nach wenigen Minuten damit fertig? Ein Könner-Kong wird ihn länger beschäftigen!

Der Kong als Schichtmodell.

Eis-Kong

Frieren Sie den Kong mitsamt Füllung für ein paar Stunden ein und servieren Sie ihn als Eis oder Halbgefrorenes. Viele Ideen rund ums Hunde-Eis finden Sie in der „Hunde-Eisdiele" ab Seite 68.

Mikrowellen-Kong

Geben Sie etwas Käse zu Ihrer Füllung und stellen Sie den Kong für ein paar Sekunden in einer Tasse in die Mikrowelle, sodass alles schön miteinander verbackt. Besonders langen Beschäftigungsspaß bietet eine Mischung aus trockenen Futterbröckchen und geriebenem Käse.

Achtung! Lassen Sie in der Mikrowelle erhitzte Kongs vor dem Servieren unbedingt gründlich auskühlen. Denn die Hitze verteilt sich ungleichmäßig und es besteht die Gefahr von Verbrennungen.

Die Variationen

Vermutlich haben Sie bereits eine Menge Ideen, was Sie mit dem Kong anstellen können? Hier noch ein paar Inspirationen:

Schichtsalat
Stopfen Sie unterschiedliche Leckereien Schicht um Schicht in den Kong – und bescheren Sie Ihrem Hund ein echtes Geschmacksfeuerwerk.

Eierlei
1 Verschließen Sie die untere Öffnung des Kongs mit einem Stück Möhre oder etwas Erdnussbutter.
2 Stellen Sie den Kong mit der großen Öffnung nach oben in eine Tasse.
3 Füllen Sie ein verquirltes Ei und etwas Käse hinein und stellen Sie die Tasse mitsamt Kong in die Mikrowelle (je nach Leistung der Mikrowelle reichen oft 20 Sekunden aus). Das Ei dehnt sich stark aus, also sicherheitshalber alle 10 Sekunden nachschauen!
4 Gut auskühlen lassen!

Kong am Stiel
1 Füllen Sie den Kong wie gewohnt.
2 Schieben Sie eine Möhre oder eine Stange Trockenpansen längs durch den Kong, sodass sie an beiden Enden herausguckt.

Hmmmh, das schmeckt: Der Kong eignet sich besonders gut, Ihren Hund mit immer neuen Kreationen zu überraschen!

Innen hohl und lecker zu befüllen: Schauen Sie, welche Spielzeuge Sie zu Hause haben – und beziehen Sie sie ein in den Kauspielspaß!

Hohl und lecker: Kong & Co.!

Baby-Boom
1. Mischen Sie Babynahrung aus dem Gläschen mit Quark und ein paar Haferflocken. Babynahrung hat den Vorteil, dass sie ungewürzt und in vielen Geschmacksrichtungen erhältlich ist.
2. Füllen Sie damit den Kong.
3. Verkeilen Sie zusätzlich ein paar Hundekekse zwischen den Wänden.

Risotto-Kong – glutenfrei glücklich
1. Kochen Sie Reis möglichst matschig.
2. Mischen Sie etwas Reibekäse unter den noch heißen Reis.
3. Raspeln Sie ein Stück rohe Zucchini oder schneiden Sie etwas gekochte Zucchini klein und geben Sie sie unter die Masse.
4. Füllen Sie damit den Kong.
5. Wenn Sie mögen, verschließen Sie die Öffnung mit einer Scheibe Käse und lassen ihn in der Mikrowelle eine paar Sekunden lang schmelzen.
6. Kong nur gut ausgekühlt servieren!

Tofu-Traum
1. Schmieren Sie etwas Erdnussbutter in die Spitze des Kongs.
2. Zerdrücken Sie ein Stück Tofu mit der Gabel.
3. Mischen Sie den Tofu mit einer geschmacksgebenden Zutat, die Ihr Hund mag: etwas zerdrückte Banane, Apfelmus, anderes püriertes Obst und Gemüse (zum Beispiel aus dem Babygläschen) oder ein wenig vegetarische Pastete.
4. Füllen Sie die Masse in den Kong.
5. Verschließen Sie die Öffnung mit einem Hundekeks.

Die Kong-Verwandten

Sie haben in Ihren Beständen ein anderes Naturkautschuk-Spielzeug, das einen Hohlraum aufweist und sich nach ähnlichem Prinzip wie der Kong mit Futter füllen oder ausstreichen lässt? Vielleicht in Ball- oder Knochenform oder als Kegel? Dann probieren Sie doch aus, ob es sich ebenfalls in den Kauspielspaß einbeziehen lässt! Unter den Rezepten zum Kong werden Sie auch Ideen für Ihr Spielzeug finden.

Kong & Verwandte: Worauf Sie achten sollten
› Größe: Ist das Kauspielzeug ausreichend groß, sodass es nicht verschluckt werden kann?
› Robustheit: Hält es tatsächlich den Kau-Attacken Ihres Hundes stand? Beaufsichtigen Sie ihn gerade bei den ersten Versuchen immer gut.
› Hygiene: Ist das Spielzeug spülmaschinenfest? Das erleichtert Ihnen die Reinigung!
› Größe der Öffnungen: Von ihnen ist abhängig, welche Füllung sich anbietet. Je größer die Öffnung ist, umso leichter fällt Futter heraus. Für langen Kauspaß sollte die Füllung deswegen schön klebrig sein, zum Beispiel: durch Ausstreichen der Innenwände mit Schmelzkäse, Leberwurst oder Quark.
› Schadstoff-Freiheit: Wenn Ihnen Warentests für Hundespielzeuge bekannt sind, berücksichtigen Sie diese. Den Geruch neuer Spielzeuge beseitigen Sie häufig, indem Sie das Spielzeug vor der ersten Benutzung in die Spülmaschine geben, falls es dafür geeignet ist.

Die Hunde-Schlemmer-Schule

Kau- und Auspackspiele sind ein guter Anlass, den Hunde-Speiseplan um frische Kost zu bereichern!

Sie möchten noch mehr Abwechslung in den Kauspielspaß bringen und Ihren Hund dann und wann mit neuen Leckereien und selbst erdachten Rezept-Kreationen überraschen? Eine gute Idee! Den vierbeinigen Feinschmecker wird es freuen. Und seien Sie sicher: Auch Sie werden Spaß daran haben!

Was Hunde alles essen dürfen

Alles, was Ihr Hund mag, verträgt und was gut für ihn ist, können Sie in Ihre Kauspiele einbauen: zu Snackpaketen verpacken oder in ein Kauspielzeug füllen. Wenn Sie Ihren Hund roh füttern oder für ihn kochen, dann werden Sie sich bereits bestens mit der Vielfalt der Nahrungsmittel und Zutaten auskennen. Nutzen Sie sie auch für den Kauspielspaß!

Wenn Sie Ihrem Hund bislang überwiegend Fertigfutter geben, dann werfen Sie doch ruhig einmal einen Blick über den Tellerrand: Solange es ungewürzt ist, verträgt Ihr Hund ganz viel von dem, was auch Sie essen. Es ist gesund und lecker, ab und an (und mit Sinn und Verstand) für Abwechslung auf dem Speiseplan zu sorgen. Probieren Sie dies mit leckeren Kauspielzeug-Füllungen aus! Wie wäre es zum Beispiel mit einer zerdrückten Kartoffel oder ein paar Nudeln (Spaghetti kann man übrigens wunderbar in Kauspielzeuge einflechten), mit oder ohne ein paar Happen mageren Fleisches dazu? Oder mit einer Schlemmerpaste aus Quark, Joghurt oder Hüttenkäse, verfeinert mit Thunfisch, Haferflocken oder einer zerdrückten Banane? Die Möglichkeiten sind schier unbegrenzt!

Achtung: Sie erhalten hier nur einen groben Überblick darüber, welche Zutaten Sie für den Kauspielspaß verwenden können und welche sich nicht eignen. Wenn Sie mehr wissen möchten, ziehen Sie die einschlägige Fachliteratur zu Rate oder fragen Sie Ihren Tierarzt/Ihre Tierärztin. Berücksichtigen Sie dabei immer

Tipp

Der ideale Leckerbissen
Je trockener ein Leckerbissen, desto besser eignet er sich für Einpackspiele mit Papier und Pappe. Je feuchter und klebriger er ist, umso besser können Sie ihn in ein Kauspielzeug stopfen.

Vorsicht

Das auf keinen Fall!
Vieles von dem, was uns Menschen nicht bekommt, gilt für den Hund genauso, zum Beispiel rohe Kartoffeln, rohe Auberginen, unreife Tomaten, rohe Hülsenfrüchte und Kerne von Steinobst. Es gibt jedoch Nahrungsmittel, die wir Menschen meist gut vertragen, die Hunde jedoch überhaupt nicht!

All diese Dinge haben natürlich auch in Ihrem Kauspielspaß nichts zu suchen und sind gefährlich: **Kakao und Schokolade, Alkohol, Koffein, Macadamia-Nüsse, Avocados, rohes Schweinefleisch, stark gewürzte Speisen.**
in größeren Mengen gefährlich:
Salz, Knoblauch, Zwiebeln, Weintrauben, Rosinen.

die besonderen Bedürfnisse und ggf. Futtermittelunverträglichkeiten Ihres Hundes!

Grundrezept: Schlemmerpaste

Ideal zum Ausstreichen oder Füllen Ihrer Naturkautschuk-Spielzeuge – und Ihr Hund wird sich die Pfoten danach lecken:
> Der Grundstoff: Magerquark; gesund und von idealer Konsistenz, denn er ist klebrig und zäh und haftet gut an den Spielzeugen.
> Als Geschmacksträger in geringerer Menge mischen Sie beispielsweise hinzu: Thunfisch aus der Dose, etwas Erdnussbutter oder Leberwurst, Reibekäse, Babynahrung aus dem Glas, püriertes oder gekochtes Obst und Gemüse etc.

So wird es gemacht: Magerquark als Grundstoff, dazu etwas püriertes Gemüse und Hundeleberwurst als Geschmacksträger – fertig ist die Schlemmerpaste.

Hunde-Smoothie

Wenn Sie Ihrem Hund mit rohem Obst oder Gemüse, Salat oder Kräutern etwas Gutes tun wollen, dann müssen Sie es vorher pürieren (zum Beispiel mit dem Stabmixer unter Zugabe von etwas Wasser)! Weil Hunde im Verdauungsprozess die Zellwände von Pflanzen nicht selbst spalten können, gelangen sie nur auf diese Weise an die Nährstoffe. Ein roher Apfel beispielsweise ist zwar ein kalorienarmer und attraktiver Kauspaß, seine Nährstoffe können jedoch unzerkleinert nicht verwertet werden. Ihren Hunde-Smoothie können Sie gut mit anderen Zutaten wie Fleisch, Kartoffeln, Haferflocken, Quark oder Käse mischen und schmackhafte Kauspielzeug-Füllungen daraus kreieren.

Hunde-Smoothie „Grüne Energie"

Zutaten:
- 2 Stücke reifes Obst, zum Beispiel Apfel, Birne oder Banane
- 1 Hand voll Salatblätter, zum Beispiel Kopfsalat, Eichblattsalat, Endivie, Feldsalat
- zunächst etwa 50 ml Wasser
- Wenn gewünscht: 1 Hand voll Wildgemüse je nach Jahreszeit, zum Beispiel Löwenzahn, Giersch, Brennnesselblätter oder Gänseblümchen.

So geht's:
1. Alle Zutaten waschen oder schälen und in Stücke schneiden. Kerngehäuse entfernen Lange Stiele sollten so zerkleinert werden, dass sich keine langen Fasern um den Mixer wickeln können.
2. Alle Zutaten in ein Mixgefäß geben: die Früchte nach unten, das Pflanzengrün nach oben.
3. Gießen Sie zunächst etwa 50 ml Wasser in das Mixgefäß. Je nach gewünschter Konsistenz des Smoothies (puddingartig oder gut trinkbar) geben Sie beim Pürieren weiteres Wasser hinzu.
4. Mit dem Stabmixer so lange pürieren, bis eine sämige Konsistenz erreicht ist. Je nach Leistung des Mixers dauert das meist 1–2 Minuten.
5. Die Menge, die Sie nicht gleich verbrauchen, füllen Sie in ein verschließbares Glasgefäß. Der Smoothie hält sich etwa einen Tag bei Zimmertemperatur oder 2 Tage im Kühlschrank. Sie können ihn auch portionsweise in kleinen Frischhalteboxen oder Eiswürfelformen einfrieren. Bei gekühlter Lagerung: Den Smoothie erst dann servieren, wenn er wieder Zimmertemperatur erreicht hat.
6. Übrigens: Grüne Smoothies sind ein gesunder Energiespender auch für uns Zweibeiner! Am besten, Sie genießen gleich mit – dann gibt's bestimmt keine Reste.

Rechte Seite: Als Smoothie richtig gut: Die Nährstoffe im Obst und Gemüse kann Ihr Hund nur verwerten, wenn Sie es pürieren.

Die Hunde-Schlemmer-Schule

Hundekekse selbst gebacken

Hundekekse als gesunde Leckerei für den Kauspielspaß selber backen, das macht nicht nur viel Spaß: Auf diese Weise haben Sie auch die volle Kontrolle über die Zutaten! Das ist besonders praktisch, wenn Ihr Hund unter Futtermittelunverträglichkeiten leidet. Und wenn Sie darauf Wert legen, können Sie sogar Bio-Kekse backen. Auch den Härtegrad und die Größe Ihrer Leckerbissen bestimmen Sie selbst. Sie können Ihre Kekse passgenau so in Form bringen, dass sie exakt in die Öffnungen Ihrer Naturkautschuk-Spielzeuge passen!

Thunfisch-Cracker
Zutaten:
- 2 Dosen Thunfisch in Wasser (aus delfinschonendem Fang)
- 4 Eier von freilaufenden Hühnern
- 200 g Mehl (für eine getreidefreie Variante: Reismehl)
- 1 EL Öl

So geht's:
1. Alle Zutaten in eine Schüssel geben und mit dem Mixer gut verrühren.
2. Backblech mit Backpapier auslegen.
3. Den Teig etwa 0,5 cm dick auf dem Backblech ausstreichen, alternativ den Teig in einen Spritzbeutel füllen und lange „Würste" auf das Backblech spritzen.
4. 30 Minuten bei 150 °C (Umluft) backen.
5. Das Blech herausnehmen, die Teigplatte umdrehen und in die gewünschte Keksgröße schneiden oder mit Plätzchenformen ausstechen. Alternativ können Sie die auf das Blech gespritzten Würste in kleine Bröckchen schneiden.
6. Noch einmal 40 Minuten bei 100 °C (Umluft) backen.
7. Wenn man die Stücke an der Luft komplett trocknen lässt, halten sie sich bis zu 4 Wochen und sind knusperhart.

Leberwursthappen
Zutaten:
- 125 g Leberwurst
- 1 Eier von freilaufenden Hühnern
- 450 g Mehl
- 150 g pürierte Möhren (alternativ: ein Möhren-Babygläschen)
- 50 ml Öl
- 50 ml Wasser

So geht's:
1. Alle Zutaten in eine Schüssel geben und mit dem Mixer kneten. Der Teig sollte geschmeidig und nicht klebrig sein, ggf. Wasser oder Mehl beim Kneten hinzufügen.
2. Backblech mit Backpapier auslegen.
3. Den Teig etwa 0,4–0,5 cm dick auf dem Backblech ausrollen.
4. Bei 175 °C (Umluft) backen. Das Backblech nach 5–8 Minuten aus dem Ofen holen und die Teigplatte mit einem Pizzaschneider auf die gewünschte Keksgröße schneiden. Dadurch werden auch sehr kleine Happen mühelos möglich.
5. Das Backblech wieder in den Ofen geben und weitere 22–25 Minuten backen lassen.
6. Kekse im Ofen abkühlen lassen, damit sie hart und haltbar werden.

Gesunde Leckereien, selbst gebacken – und genau in der Form und Größe, die Sie brauchen!

Schmackhaft mit Ritzen und Rillen: Dentalspielzeuge

Der Kauspielspaß

Die Hundewelt ist voll von Spielzeugen mit Rillen, Ritzen und Lamellen an den Außenseiten. Weil sie als besonders zahnreinigend gelten, werden sie oft als „Dentalspielzeuge" bezeichnet. Bestimmt findet sich auch in der Spielzeugkiste Ihres Vierbeiners mindestens eines davon. Holen Sie es hervor und entdecken Sie es neu, denn mit etwas Futter in den Ritzen wird ein toller Knabberspaß daraus!

› Zahnreinigungseffekt durch Lamellen, Rillen und Noppen an der Außenseite.
› Besonders gut geeignet für Hunde mit wenig Kau-Erfahrung, da das Futter an der Außenseite des Spielzeugs gut erreichbar ist und einen hohen Anreiz bietet.
› Durch die Lamellenstruktur deutlich weniger robust als beispielsweise der kompakte Kong – und damit meist nichts für Extrem-Kauer.

Ritzen und Rillen zum Befüllen: Das sind die Dentalspielzeuge!

Das Grundrezept

Ganz einfach – Sie brauchen nur etwas Futter in die Ritzen drücken. Zum Beispiel:
› Schmelzkäse oder ähnlich „klebriger" Schnittkäse in kleinen Mengen.
› Quark, Frisch- oder Streichkäse, Hundeleberwurst, wenig gewürzte Brotaufstriche, Schlemmerpaste (Grundrezept siehe Seite 47).
› Hundezahnpasta! Sie gibt es in vielen Geschmacksrichtungen, zum Beispiel nach Rind- oder Geflügelfleisch schmeckend. Ist lecker und pflegt die Zähne zusätzlich.

Die Einstiegstipps

Verstreichen Sie den Füllstoff zunächst eher auf den Rillen, statt ihn hineinzudrücken. Das macht Lust auf mehr – und der Hund ist motivierter, wenn es später schwieriger wird und das Futter fester in den Rillen steckt.

Die Variationen

Ihr Hund ist sehr geschickt im Herausarbeiten des feuchten Futters aus den Ritzen? Noch kniffliger wird es, wenn Sie weiche Kaustreifen für Hunde in die Rillen stecken und passgenau abbrechen.

Dentalspielzeuge sind lecker, aber oft ein bisschen schmierig. Ein untergelegtes Handtuch beseitigt das Problem.

Außerirdisch gut: Snack-Ufos

Der Kauspielspaß

Ein „Snack-Ufo" besteht aus zwei gleichen Hälften und lässt sich zu einem „Sandwich" zusammenschrauben. Dazwischen: schmackhaftes Futter, das Ihr Hund sich herausarbeiten darf! Die Snack-Ufos gibt es unter unterschiedlichen Produktbezeichnungen von verschiedenen Herstellern. Weil sie den Hunden viel Spaß machen, verdienen sie eine Extra-Seite.

> Ideal auch für Kauspielzeug-unerfahrene oder generell sehr zurückhaltende Hunde.
> Weil sich die beiden Hälften stufenlos zusammenschrauben lassen, ist mit dem Abstand auch der Schwierigkeitsgrad variabel: Je weiter die Hälften auseinanderstehen, umso einfacher ist es!
> Vergleichsweise hohe Robustheit: je größer das Modell, umso stabiler. Übrigens kommen auch kleine Hunde im Regelfall gut mit den großen Größen klar.

Das Grundrezept

Machen Sie es wie bei einem Sandwich:
> Schrauben Sie beide Teile auseinander und tragen Sie streichfähiges Futter auf die Innenseiten auf: zum Beispiel Hundeleberwurst, Frischkäse, Quark oder eine selbst gemachte Schlemmerpaste (Grundrezept siehe Seite 47).
> Wenn Sie möchten, können Sie noch eine Lage Schmelzkäse darunter- oder darüberlegen und andrücken.
> Noch eine Extra-Schicht gefällig? Dann legen Sie zusätzlich Hundekekse in die Hälften oder füllen Sie etwas Dosenfutter, eine zerdrückte gekochte Kartoffel oder ein paar Nudeln hinein.
> Schrauben Sie anschließend die Hälften je nach gewünschtem Schwierigkeitsgrad zusammen.

Die Einstiegstipps

Drehen Sie die Hälften zu Beginn weit auseinander! Bei extrem zurückhaltenden Hunden können Sie das Kauspielzeug sogar komplett auseinandernehmen und präsentieren die beiden Hälften wie zwei Näpfe nebeneinander auf dem Boden. Erst, wenn diese mehrfach begeistert ausgeschleckt wurden, setzen Sie sie wieder aufeinander und schrauben das Spielzeug mit weiter Öffnung zusammen.

Die Variationen

Sind die beiden Hälften komplett zusammengeschraubt, kann das Ufo auch als Futterball für Trockenfutter oder Hundekekse verwendet werden: Die meisten Modelle sind so konstruiert, dass im zusammengeschraubten Zustand kleine Futterbröckchen durch zusätzliche Aussparungen an den Seiten herausfallen können.

Weil jedes Objekt neue Strategien verlangt, gehört zum Kauspielspaß auch Denksport. Laya hält das Snack-Ufo mit der Pfote so in Position, dass sie es bequem auslecken kann.

Einfach köstlich: Schlemmertabletts

Der Kauspielspaß

Zugegeben: Bei der Anschaffung Ihrer Eiswürfel-, Pralinen oder Muffinformen aus Silikon haben Sie vermutlich nicht an Ihren Hund gedacht. Die Hersteller mit Sicherheit auch nicht. Aber: Die tablettartigen Formen eignen sich perfekt auch für den Kauspielspaß! Genau genommen wird ein köstlicher Ausschleckspaß daraus, wenn Sie die Öffnungen mit allerlei Leckerem füllen!

> Reiner Ausschleckspaß: Damit kommen auch „zahnlose" Hunde-Senioren gut klar!
> Ideal für Anfänger und Angsthäschen: Es braucht kaum Überwindung oder Durchhaltevermögen, um an das gut erreichbare Futter zu gelangen.
> Perfekt für Pasten: Solange Ihr Hund die Tabletts nicht umdreht, läuft nichts aus.
> Robustheit? Die Formen halten zwar einiges aus, sind aber natürlich nicht für eine Bearbeitung mit Hundezähnen konstruiert (siehe Tipp Seite 59)!
> Variabel: Sie entscheiden, wie viel Ihr Hund schlecken darf. Darf es etwas mehr sein, können Sie eine größere Form wählen, alle Öffnungen bestücken oder diese randvoll lecker füllen. Soll es lieber etwas weniger sein, nehmen Sie beispielsweise eine kleine Form, füllen nur einige Öffnungen, streichen die Öffnungen lediglich mit Paste aus oder füllen sie nur zur Hälfte.

Zur Sicherheit: Behalten Sie Ihren Hund gut im Auge, wie er mit seinem Schlemmertablett umgeht. Wenn er die Silikonform nicht ausschleckt, sondern darauf herumkaut, tauschen Sie sie gegen einen Leckerbissen ein und bieten Sie Ihrem Hund stattdessen ein robustes Naturkautschuk-Spielzeug wie den Kong an.

Das Grundrezept

Weich, pastenartig, gut streichfähig – das ist die ideale Konsistenz für die Füllung der Silikonformen:

> Stellen Sie eine Schlemmerpaste in möglichst zäher Konsistenz her (Grundrezept siehe Seite 47).
> Streichen Sie sie in gewünschter Menge in die Aussparungen der Silikonform.
> Alternative Füllstoffe für die Form sind: Quark, Frischkäse, Hundeleberwurst, Dosenfutter, Frischfleischhappen, zerdrückte Kartoffeln, klebriger Schmelzkäse oder andere weiche Leckerbissen. Voraussetzung: Ihr Hund wird dadurch eher zum Schlecken, denn zum Beknabbern animiert.

Rechte Seite: Schleckspaß im Schlemmertablett. Für Senior Zito wird die befüllte Muffinform in bequemer Höher auf einer Kiste serviert.

Die Einstiegstipps

Das Ausschlecken der Formen ist so einfach und selbsterklärend, dass Ihr Hund kaum Starthilfe brauchen wird. Der Einstieg wird umso leichter, je lockerer, weicher und schmackhafter die Füllungen ausfallen.

Die Variationen

Lassen Sie sich inspirieren – und zaubern Sie schmackhafte Kreationen in Silikon:

Herzensangelegenheiten
1. Nehmen Sie eine Eiswürfel- oder Pralinenform mit kleinen Öffnungen oder schmalen Rillen.
2. Drücken Sie gekochte Hühnerherzen hinein.

Pasta Silicone
1. Nehmen Sie eine Eiswürfel- oder Pralinenform mit kleinen Öffnungen oder schmalen Rillen.
2. Füllen Sie die Öffnungen mit je einer gekochten muschel- oder spiralförmigen Nudel. Die Nudeln sollten so groß sein, dass Sie sie ein bisschen in die Öffnungen hineindrücken müssen.
3. Wenn Sie mögen, legen Sie zur Aromatisierung über jede Nudel ein kleines Stückchen Schmelzkäse und stellen die ganze Form für ein paar Sekunden in die Mikrowelle.
4. Vor dem Servieren mindestens 30 Minuten auskühlen lassen.

Kartoffelkönig
1. Kochen Sie Kartoffeln und zerstampfen Sie sie.
2. Mischen Sie als Geschmacksträger etwas Hundeleberwurst oder Fleischsud unter die Kartoffeln.
3. Nehmen Sie eine Silikonform beliebiger Größe und drücken Sie die Masse in die Aussparungen.

Bananarama
1. Ihr Hund mag Bananen? Dann zerdrücken Sie eine!
2. Füllen Sie sie in die Öffnungen einer kleinen Eiswürfel- oder Pralinenform.
3. Wenn Sie noch mehr „Füllstoff" brauchen, mischen Sie vor dem Einfüllen etwas Quark und/oder Haferflocken unter die Masse.

Gestern noch eine Eiswürfelform, heute ein Schlemmertablett!

Einfach köstlich: Schlemmertabletts

Grünes Wunder

1. Pürieren Sie, unter Zugabe von etwas Wasser, eine Handvoll Salatblätter im Mixer.
2. Vermischen Sie diesen Salat-Smoothie mit Magerquark, sodass eine zähe Masse entsteht.
3. Platzieren Sie in jeder Öffnung der Silikonform eine kleine Überraschung: Streichen Sie ein wenig Schmierkäse bzw. Hundeleberwurst darin aus oder legen Sie ein Futterbröckchen bzw. einen kleinen Hundekeks hinein.
4. Füllen Sie die Salat-Quark-Masse so in die Form, dass die „Überraschungen" damit überdeckt werden.

Und sonst?

Was Sie mit Ihren Silikonformen sonst noch anstellen können, hängt vor allem davon ab, wie Ihr Hund mit der Form umgeht. Sie können beispielsweise ein bisschen Käse unter die Füllung mischen und die Form kurz in die Mikrowelle stellen. Vorsicht: Nur gut ausgekühlt servieren! Je fester verbacken die Füllung jedoch ist, umso mehr müssen Sie ein Auge darauf haben, ob Ihr Hund nicht das Knabbern an der Form beginnt – dafür ist das Silikon nicht stabil genug!

Ausschleckspaß mit Einzelformen?

Silikonformen gibt es nicht nur als Tablett, sondern auch als Einzelformen, zum Beispiel für Muffins. Die Einzelstücke sollten Sie aber nur dann für den Ausschleckspaß verwenden, wenn Ihr Hund
> klein und die Form groß ist und Sie sich dadurch sicher sind, dass die Form nicht mitverschluckt werden kann,
> ein Soft-Kauer ist, der Kauspielzeuge so gut wie nie mit den Zähnen bearbeitet. Sonst besteht die Gefahr, dass er Stücke abbeißt und verschluckt.

Tipp

Eine Form für Hund und Mensch?
Heute die Schlemmerpaste für Ihren Hund in der Form, morgen Ihre Pralinen oder Muffins? Wenn Ihnen dieser Gedanke nicht gefällt, dann gönnen Sie Ihrem Hund doch eine eigene Form. Aus gesundheitlicher Sicht ist die gemeinsame Nutzung aber unproblematisch. Im Normalprogramm der Spülmaschine wird alles wieder hygienisch rein.

Schlemmergratin: Die Füllung wurde in der Mikrowelle kurz mit Käse überbacken.

Spezial
Hunde-Slow-Food mit Futterspendern

Jetzt geht's rund. Hunde lieben es, sich ihr Futter zu erarbeiten. Futterball und Co. bieten hier tolle, einfache Möglichkeiten.

Gibt es in Ihren Beständen einen Futterball oder einen ähnlichen Futterspender? Vielleicht noch irgendwo in einer Spielzeugkiste, vor Jahren einmal angeschafft? Dann entdecken Sie ihn neu! Eine weitere wunderbare Möglichkeit, den Spaß, den Ihr Hund an seinem Futter hat, zu verlängern.

Die Grundidee

Das Prinzip ist immer das Gleiche: Sie füllen eine Hand voll trockener, kleiner Futterbröckchen in einen Futterspender. Aufgabe für Ihren Hund: Den Futterspender mit Schnauze oder Pfote so hin und her zu bewegen, dass nach und nach das Futter freigegeben wird.

Die Besonderheit

Der Kauspaß stellt sich dadurch ein, dass Ihr Hund ein Stück nach dem anderen knuspert, anstatt eine ganze Portion Trockenfutter oder Hundekekse regelrecht zu inhalieren. Echtes Hunde-Slow-Food eben. Genussvoll und gesund. Das ganze noch gewürzt mit einem Schuss Denksport und einer Prise Nasenarbeit. Denn Ihr Hund wird gleichzeitig Strategien ertüfteln, den Futterspender möglichst effektiv zu leeren und es zu vermeiden, dass dieser beim Schieben und Bewegen unter den Möbelstücken landet. Wenn die Futterbröckchen beim Bearbeiten des Futterspenders hinausfallen oder herauskatapultiert werden, müssen sie vom Hund zusätzlich erschnüffelt werden – erst recht, wenn Sie den Futterspender auf gemustertem Boden oder draußen im Garten einsetzen.

Aha!

Hauptmenü oder Zwischenmahlzeit?
Sie füttern Trockenfutter? Dann wird es Ihren Hund hoch erfreuen, wenn Sie die Mahlzeit regelmäßig statt im Napf im Futterspender servieren. Genauso gut können Sie jedoch auch kleine Hundekekse hineinfüllen, als kleinen Snack und Beschäftigungsspaß für zwischendurch.

Hunde-Slow-Food mit Futterspendern

Die Modelle

Der klassische Futterball ist einfach rund. Die Varianten haben die Form von Knochen, Hanteln, Würfeln oder Kegeln, sind aus Hartplastik oder Gummi. Die meisten haben eine, manche zwei Öffnungen, durch die das Futter hineingefüllt wird und wieder herausfällt. Sie müssen gerollt, geschoben, umgekippt oder sogar in die Luft geworfen werden.

Die Einstiegstipps

Wenn Sie Ihrem Hund einen Futterspender zum ersten Mal präsentieren, dann ist es wichtig, dass sich der Erfolg schnell einstellt und Ihr Hund das Gefühl bekommt „Ein tolles Teil!" Das wird ihn motivieren, später ausdauernd zu arbeiten, selbst wenn Sie nur ein paar wenige Bröckchen hineingefüllt haben!

> Füllen Sie den Futterspender am Anfang möglichst randvoll mit Futter – umso schneller fällt etwas heraus. Damit Ihr Hund sich nicht überfrisst, können Sie den Futterspender nach einer Weile wieder an sich nehmen, im Tausch gegen einen guten Leckerbissen.
> Damit sich bereits das erste Schubsen lohnt: Platzieren Sie ein Bröckchen Futter unter dem Futterspender – so, dass Ihr Hund es bereits mit dem ersten Schnuppern wahrnimmt.

Check

Futterspender-Kaufberater

- Voraussichtlicher Schwierigkeitsgrad: Speziell für Ihren Hund zu schaffen?
- Größe und Gewicht: Groß genug, dass Ihr großer Hund den Futterspender nicht verschlucken kann? Leicht genug, damit Ihr kleiner Hund ihn bewegen kann?
- Material: Robust genug für Ihren Hund? Weich genug im Falle stoßempfindlicher Möbel oder geräuschempfindlicher Zweibeiner?
- Größe der Öffnungen: Ideal für die von Ihnen meist verwendeten Bröckchen? Sind die Öffnungen gegebenenfalls verstellbar?
- Reinigungsmöglichkeit: Ist der Futterspender gut sauber zu halten und kann er eventuell sogar auseinandergenommen oder in der Spülmaschine gereinigt werden?

Futterspender-Variationen: Jede verlangt eine etwas andere Strategie!

Die Variationen

Ihr Hund ist ein Futterspender-Routinier? Dann bieten Sie ihm noch mehr Abwechslung!

Rallye-Zeit
Wenn Sie gleich mehrere Futterspender besitzen, dann laden Sie Ihren Hund zur Rallye ein!
1. Holen Sie die Futterspender herbei. Teilen Sie die Ration Futterbröckchen, die Sie verfüttern wollen, auf alle verfügbaren Exemplare auf.
2. Setzen Sie die Futterspender im Raum verteilt auf den Boden oder nutzen Sie gleich mehrere Zimmer oder den Garten als Verstecke.
3. Ihr Hund wird begeistert auf Ihren Startschuss warten!

Selbst gebaut statt selbst gekauft
Geht Ihr Hund vorsichtig zu Werke und macht nicht viel kaputt? Dann können Sie sich auch an Selbstbau-Futterspendern versuchen:
1. Hierfür müssen Sie nicht einmal etwas basteln: Verwenden Sie eine stabile, leere und gereinigte PET-Flasche. Schrauben Sie den Verschluss ab. Befüllen Sie die Flasche mit Futter und legen Sie sie vor Ihrem Hund auf den

Viel spannender als jeder Napf: Hunde lieben es, sich ihr Futter zu erspielen.

Hunde-Slow-Food mit Futterspendern

Boden. Beaufsichtigen Sie Ihren Hund gut. Sollte er beginnen, in die Flasche zu beißen, nehmen Sie sie im Tausch gegen ein Stück Futter wieder an sich und weichen lieber auf robuste Futterspender aus dem Zoofachhandel aus.

2 Nehmen Sie eine Versandröhre, die an beiden Enden verschließbar ist. Mit der Bohrmaschine und einem Dosenbohrer-Aufsatz bohren Sie Löcher in die Rolle – gerade so groß, dass Ihre bevorzugten Futterbröckchen hindurchpassen. Befüllen Sie die Rolle mit Futter.

Von Futterwiesen und Labyrinthen

Mit manchen Futterspendern können Sie Ihrem Hund seine Mahlzeit wie auf einem Tablett servieren. Bloß: Er kommt nicht auf Anhieb dran und muss sich mit langer Zunge oder geschickter Pfote ans Werk machen. Sie sind beispielsweise geformt wie eine stilisierte „Wiese", zwischen deren „Grasbüscheln" das Futter herauszuangeln ist, oder als Labyrinth, in dessen Windungen das Futter liegt. Auch sogenannte „Antischlingnäpfe" funktionieren nach dem gleichen Prinzip – und verlängern den Spaß am Fressen.

Für lange Zungen und geschickte Pfoten: Hunde-Slow-Food als „Futterwiese".

Ungeahnte Möglichkeiten: Wunderwelt der Wabenbälle

Der Kauspielspaß

Haben Sie bislang gedacht, Gitter- und Wabenbälle seien ausschließlich zum Zergeln oder Werfen gut? Lassen Sie sich überraschen – und überraschen Sie Ihren Hund! Denn: Trotz ihrer Gitterstrukturen mit oft großen Öffnungen lassen sich diese Spielzeuge perfekt befüllen – mit Snackpaketen oder durch Hineinflechten von Kauartikeln!

- Ideal für Hunde, die schon Kau- und Auspackerfahrung haben. Denn für das Herausarbeiten der Füllung ist oftmals ein gewisses Durchhaltevermögen erforderlich.
- Robustheit von Modell zu Modell verschieden: Üblicherweise nimmt die Robustheit mit der Größe des Spielzeugs und der Breite der Gitterstrukturen zu. Verwenden Sie daher auch für Ihren kleinen Hund im Zweifelsfall ein großes Modell.

Das Grundrezept

Was genau Sie mit den Gitter- und Wabenbällen anstellen können, hängt von Modell und Größe ab:

- Nehmen Sie jeweils ein Stück Futter, wickeln Sie es in Packpapier und knüllen Sie das Papier zu Bällchen zusammen. Stopfen Sie die Bällchen dann dicht an dicht ins Innere des Spielzeugs.
- Gleiches können Sie mit Toilettenpapier-Papprollen tun, die Sie mit einem Bröckchen Futter befüllen und dann durch Zusammendrücken der Seiten verschließen.
- Flechten Sie Kaustangen oder ähnliche Knabbereien in die Gitter und Waben ein.
- Befüllen Sie eine Küchenpapier-Papprolle mit Futter, verschließen Sie sie an den Enden und weben Sie die Papprolle in die Gitter und Waben ein. Natürlich dürfen es auch gerne mehrere sein.

Rechte Seite: Richtig was zu tun und gleichzeitig mit Schnauze und Pfote aktiv: Mali am Gitterball.

Schlemmerspaß im Kauspielzeug

Die Einstiegstipps

So helfen Sie Ihrem Hund auf die Sprünge:
> Wenn Sie das Spielzeug mit Papierbällen oder Toilettenpapier-Papprollen füllen: Üben Sie das Auspacken solcher Snackpakete erst separat (siehe Seite 26) noch ohne Spielzeug!
> Stopfen Sie die Päckchen dann zunächst nicht ganz ins Innere des Balles, sondern lassen Sie sie aus den Waben und Gittern herausschauen. Ein paar lose Futterbröckchen zwischen den Päckchen helfen zusätzlich dabei, dass sich besonders schneller Erfolg einstellt.
> Wenn Sie Kaustangen oder Küchenpapier-Papprollen einflechten: Befestigen Sie diese zunächst nur sehr locker, sodass Ihr Vierbeiner sie ohne große Anstrengungen herausziehen kann.

Geht als Ganzes hinein, aber so nicht wieder hinaus: Der Keks im Football ist eine Herausforderung für Fortgeschrittene.

Die Variationen

Haben Sie ein Auge dafür, welche Möglichkeiten Ihnen Ihr Spielzeug bietet!

Keks hinter Gittern

Richtig kniffelig wird's, wenn die Waben Ihres Spielzeuges so klein sind, dass Sie zwar durch Aufbiegen des Gitters einen Hundekeks oder Kauartikel gerade so ins Innere stopfen können, dieser aber vom Hund nur wieder herausbefördert werden kann, wenn er ihn im Spielzeug zerbeißt. Voraussetzung ist natürlich, dass Ihr Spielzeug ausreichend robust ist.

Ball am Band

1 Füllen Sie den Gitterball.
2 Befestigen Sie den Gitterball an einer Hundeleine.
3 Hängen Sie den Gitterball auf. Lassen Sie die Leine zum Beispiel von einem Baum herunterbaumeln oder befestigen Sie sie an einem Besenstiel, der von zwei Personen festgehalten wird. Das verlangt ganz neue Techniken.

Wichtig: Achten Sie auf eine für den Hund bequeme Höhe zwischen Hundebrust und Hundenase und auf eine stabile Befestigung. Behalten Sie Ihren Hund bei seinen Bemühungen, an die Füllung zu gelangen, immer gut im Auge und lassen Sie ihn damit niemals alleine!

Rechte Seite oben: Darcy gibt nicht auf, bis er den Leckerbissen im Inneren des Spielzeugs geknackt hat.
Rechte Seite unten: Dieser Ball ist kaum zu fassen und verlangt ganz neue Strategien!

Die Hunde-Eisdiele

Der Kauspielspaß

Was gibt es Schöneres an heißen Sommertagen als ... Eis essen! Auch Hunde stehen darauf! Lassen Sie Ihre Küche zur Hunde-Eisdiele werden – und Ihr Vierbeiner wird überrascht, erfrischt und beschäftigt sein!

- Kühl: Hunde-Eis bietet angenehme Erfrischung.
- Langer Schleck-Spaß: Es ist eine tolle Beschäftigung, weil Ihr Hund lange daran schlabbern muss.
- Einfach: Hunde-Eis können Sie ganz leicht selbst machen!

Das Grundrezept

- Joghurt, Quark und Hüttenkäse sind die ideale Basis für das Hunde-Eis. Dann machen Sie es wie bei der Zubereitung der Schlemmerpaste (siehe Seite 47) und fügen als „Geschmacksträger" zum Beispiel etwas Leberwurst, Thunfisch aus der Dose, Reibekäse, Dosenfutter oder Babynahrung bei.
- Sie können auch „Wassereis" aus Fleischbrühe herstellen.
- Ideal ist es, das Hunde-Eis in Naturkautschuk-Spielzeugen wie dem Kong einzufrieren. Das hat den Vorteil, dass nicht gleich ein ganzer Klumpen Eis verschluckt werden kann (Bauchschmerzgefahr!), sondern ausgiebig geschleckt werden muss. Der Inhalt des Spielzeugs wird im Regelfall nur langsam und in kleinen Mengen freigegeben.
- Als Alternative zu einem Naturkautschuk-Spielzeug können Sie auch einen Büffelhautschuh mit Schlemmerpaste füllen und einfrieren (siehe Seite 20).
- Wenn Sie befürchten, dass der Inhalt des gefüllten Spielzeugs in der Kühltruhe auslaufen könnte, stellen Sie Kong und Co. erst in eine passende Gefrierbox. Bei Füllungen von zäher Konsistenz reicht es meist aus, das Spielzeug fest in einen Gefrierbeutel einzuwickeln. Kleine Öffnungen im Spielzeug können vorher mit Erdnussbutter verschlossen werden.
- Auch, wenn das Eis nur langsam taut und Ihr Hund garantiert schnell daran schleckt: Servieren Sie es ihm auf einem Handtuch, auf einer alten Decke – oder im Garten.

Rechte Seite: Eis am Stiel! Jamie ist begeistert von dieser Kong-Variante.

Schlemmerspaß im Kauspielzeug

Die Einstiegstipps

Ihr Hund weiß zu Beginn nicht so recht, was tun mit dem Eis? Sie können ihm bei den ersten Versuchen helfen, indem Sie das Hunde-Eis ein wenig antauen lassen – und als Halbgefrorenes servieren.

Die Variationen

In Ihrer Eis-Manufaktur werden Sie sicher bald Ihre eigenen Spezialitäten kreieren. Hier ein paar Ideen!

Eis am Stiel!
Wer Sinn für das Schöne hat, steckt vor dem Frosten noch eine Büffelhautstange, einen kleinen Ochsenziemer oder ein Stück Trockenpansen ins Gefriergut. Damit sorgen Sie nicht nur für extra-langen Kauspaß, sondern auch für ... Eis am Stiel!

Hier entsteht ein Eis-Kong – mit Quark, Leberwurst und püriertem Gemüse.

In einem Becher oder Gefrierbeutel können Sie das Spielzeug auslaufsicher einfrieren.

Crispy-Icecream

(Menge reicht für 2 große Kongs)

Zutaten:
- 150 g Magerquark
- 100 g Joghurt
- einige feste kleine Futterbröckchen (Trockenfutter oder selbst gebacken)

So geht's:
1. Alle Zutaten in eine Schüssel geben und verrühren.
2. Creme in einen Kong oder ein anderes Naturkautschuk-Spielzeug füllen.
3. Öffnungen des Naturkautschuk-Spielzeugs mit Knabberartikeln (zum Beispiel große Hundekeksen oder Kaustangen) verschließen.
4. Für mindestens 4 Stunden tiefkühlen.

Käse-Eistraum

(Menge reicht für 2 große Kongs)

Zutaten:
- 250 g Magerquark
- 100 g geriebener Käse

So geht's:
1. Alle Zutaten in eine Schüssel geben und sehr gut mit dem Mixer verrühren.
2. Creme in einen Kong oder ein anderes Naturkautschuk-Spielzeug füllen.
3. Öffnungen des Spielzeugs an der Unterseite gegebenenfalls mit etwas Käse verschließen.
4. Für mindestens 4 Stunden tiefkühlen.

Weiß-blaues Elementeeis

(Menge reicht für 2 große Kongs)

Zutaten:
- 250 g Magerquark
- 1 Dose Thunfisch in Wasser (aus delfinschonendem Fang)

So geht's:
1. Alle Zutaten in eine Schüssel geben und gut mit dem Mixer verrühren.
2. Creme in einen Kong oder ein anderes Naturkautschuk-Spielzeug füllen.
3. Öffnungen des Spielzeugs an der Unterseite gegebenenfalls mit etwas Käse verschließen.
4. Für mindestens 4 Stunden tiefkühlen.

Asian-Icecream

(Menge reicht für 2 große Kongs)

Zutaten:
- 250 g Tofu
- 1 Apfel
- 2 Möhren
- 1 EL gutes Olivenöl

So geht's:
1. Alle Zutaten in eine Schüssel geben und pürieren, eventuell noch etwas Wasser zufügen.
2. Creme in einen Kong oder ein anderes Naturkautschuk-Spielzeug füllen.
3. Öffnungen des Spielzeugs gegebenenfalls mit einem eingeklemmten Stück Tofu oder etwas Erdnussbutter verschließen.
4. Für mindestens 4 Stunden tiefkühlen.

Tipp

Eisgenuss mit Sinn und Verstand

Wenn Ihr Hunde-Eis nicht gerade Wassereis ist: Klar, dass Sie es auf die Tagesration Ihres Vierbeiners anrechnen!

Schlemmerspaß im Kauspielzeug

Ein eisiges Vergnügen nur für draußen: Ein gefülltes Kauspielzeug und ein paar Hundekekse werden in Wasser zu einem Eis-Block eingefroren.

Autsch – Zahnweh?

Haben Sie das Gefühl, Ihr Hund begibt sich trotz leckeren Inhalts nur zögerlich ans eisige Vergnügen – obwohl Sie alle Einstiegstipps befolgt haben? Oder er lässt plötzlich alles stehen und liegen und mag nicht mehr ans Eis herangehen? Das könnte ein Hinweis auf Zahnprobleme sein! Da die Ihrem Hund nicht nur beim Eisschlecken zusetzen: Zögern Sie nicht und lassen Sie seine Zahngesundheit tierärztlich checken!

Wenn's ganz heiß kommt: Der Hunde-Eis-Block

Sie möchten Ihrem Hund eine ganz besondere, extra lange Erfrischung gönnen? Dann probieren Sie den Hunde-Eis-Block aus:

1. Füllen Sie ein Naturkautschuk-Spielzeug wie gewohnt mit Futter.
2. Stellen Sie das gefüllte Spielzeug in eine Gefrierdose.
3. Füllen Sie die Gefrierdose mit Wasser auf.
4. Geben Sie zusätzlich noch ein paar Leckereien in das umgebende Wasser.
5. Setzen Sie das Ganze für einen Tag lang in den Gefrierschrank.
6. Lösen Sie den Eisblock vorsichtig aus der Gefrierdose, lassen Sie die Oberfläche sicherheitshalber leicht antauen (damit die Hundezunge nicht dran kleben bleibt) und servieren Sie ihn im Garten!

Für Einsteiger und Eisbrecher: Für den leichten Anfang lassen Sie das Kauspielzeug ein Stück aus dem Wasser herausstehen! Wenn Ihr Hund ein eher unerfahrener oder zaghafter Kauer ohne viel Durchhaltevermögen ist oder aber wenn er dazu tendiert, große Blöcke Eis schnell zu verspeisen: Halten Sie den Eisblock rund um das Kauspielzeug klein und wählen Sie keine übergroßen Gefriergefäße! Für kegelförmige Naturkautschuk-Spielzeuge (zum Beispiel den Kong) eignen sich deshalb becherförmige Gefriergefäße (zum Beispiel stabile Kunststoffbecher) besonders gut.

Toller Spaß für heiße Tage: Der Hunde-Eis-Block kommt auch bei Laya gut an!

Kauspielspaß hoch drei
kreative Kombinationen

76   Kausnack + Pappe + Spielzeug = Spaß!

80   Das Auge isst mit: Verpackung mit Herz

84   Spezial: Hundeglück im Schuhkarton

86   Kauen und andere Hunde-Hobbys

Kausnack + Pappe + Spielzeug = Spaß!

Sie sind bereits eingestiegen in die Welt der Kau- und Auspackspiele? Sie haben Ihren Hund schon mit Snackpaketen aus Papier und Pappe erfreut, ihn mit neuen Kauartikeln überrascht oder leckere Rezept-Kreationen für Ihre Naturkautschuk-Spielzeuge ausprobiert? Es bedarf keiner hellseherischen Fähigkeiten: Ihr Hund wird begeistert sein! Falls Sie es auch sind: Das Ganze ist steigerungsfähig! Blättern Sie weiter und erfahren Sie, welche kreativen Kombinationen Ihnen offen stehen, wie mit etwas Fantasie aus dem Kauspielspaß eine Augenweide wird oder mit welchen anderen Hunde-Hobbys Sie den Kauspielspaß noch verknüpfen können.

Der Kauspielspaß

Jetzt wird kombiniert! Der Kau- und Auspackspaß lässt sich vervielfachen, wenn Papier und Pappe, Kauartikel und Naturkautschuk-Spielzeuge gleich im Dreierpack auftreten.

> Abwechslung für Hunde mit Kau-Erfahrung: Das Auspacken von Snackpaketen und das Leeren von Naturkautschuk-Spielzeugen sollte Ihr Hund bereits beherrschen.
> Extra lange Beschäftigung: Jedes Kauspiel für sich dauert seine Zeit. Wenn Sie gleich mehrere davon kombinieren, summiert sich die Beschäftigungsdauer entsprechend.
> Aus Kauen wird Gehirnjogging: Bei jeder neuen Kombination muss Ihr Hund immer wieder aufs Neue überlegen und ausprobieren, wie er an sein Futter kommt! Das trainiert nicht nur den Kiefer, sondern auch den Kopf!

Die Grundidee

Immer wieder beliebt – so starten Sie in den Mehrfachspaß:
1 Füllen Sie ein Naturkautschuk-Spielzeug.
2 Schieben Sie zusätzlich einen Kauartikel hindurch oder verkeilen ihn darin.
3 Anschließend wickeln Sie alles in Packpapier.
4 Stecken Sie das Päckchen in einen Karton, den Sie gut verschließen.

Die Einstiegstipps

Nicht wundern: Wenn Sie Ihrem Hund eine ganz neue Kombination präsentieren, kann es sein, dass er zunächst nur „Bahnhof" versteht und keine Ahnung hat, wie er an die Sache herangehen soll. Das kommt daher, dass Hunde sehr detailverliebt sind: Wird eine Kleinigkeit verändert, sieht aus Hundesicht plötzlich alles ganz anders aus. Alle bisher erprobten Strategien scheinen vorü-

Rechte Seite: Gleich mehrfach verpackt und alles kombiniert, da muss getüftelt werden.

Kauspielspaß hoch drei

Tipp

Genuss ohne Reue
Damit der Mehrfach-Spaß nicht auf die schlanke Linie geht: Packen Sie nicht zu viel Futter ein und befüllen Sie die verwendeten Kauspielzeuge nur sparsam.

bergehend vergessen zu sein. Wenn Ihr Hund das Problem nicht von selbst löst, dann geben Sie ihm einen Denkanstoß: Gestalten Sie die Herausforderung so einfach, dass das Futter zunächst leicht erreichbar ist.

Die Variationen

Diese sind fast unbegrenzt. Damit Sie Ihrer Kreativität freien Lauf lassen können, hier ein paar Denkanstöße:

Kau-Haus

1 Nehmen Sie einen großen Karton.
2 Scheiden Sie Löcher in die Seitenwände: gerade so groß, dass Sie Kauspielzeuge, Hundekekse oder Kauartikel darin verkeilen können.
3 Tipp: Besonders gut funktioniert das mit den Snack-Ufos. Führen Sie von jeder Seite je eine Hälfte zum Loch und verschrauben Sie das Gewinde im Loch (siehe Foto unten). Dadurch sind die Innenseiten des Snack-Ufos durch die Kartonwand getrennt.

Fassade mit Biss: Am Kau-Haus ist ganz schön was los.

Kausnack + Pappe + Spielzeug = Spaß!

Hinter Gittern
1. Füllen Sie einen Gitterball wie üblich.
2. Schieben Sie einen gefüllten Kong oder ein anderes Kauspielzeug ins Innere.
3. Zusätzlich packen Sie das Ganze in Packpapier ein.

Volles Rohr
1. Füllen Sie eine stabile Pappröhre mit einigen Snackpaketen aus Packpapier.
2. Dazwischen stopfen Sie zusätzlich ein gefülltes Kauspielzeug hinein.
3. Wenn Sie zwei gegenüberliegende Löcher in die Längsseite der Röhre bohren, können Sie zusätzlich eine Kaustange quer hindurchschieben.

Palette Surpris
1. Packen Sie eine Papp-Palette aus dem Supermarkt mit Snackpaketen.
2. Verkeilen Sie dann ein Kauspielzeug oder einen Kauartikel in den Öffnungen.

Oben: Für Fortgeschrittene: Ein gefüllter Kong verschwindet im mit Snackpaketen gespickten Gitterball.
Mitte: In dieser Röhre findet alles Platz: Snackpakete, Kauartikel und Kauspielzeuge.
Unten: Hier ist allerhand drin: Palette mit Überraschungseffekt.

Das Auge isst mit: Verpackung mit Herz

Der Kauspielspaß

Aus Hundesicht nichts Neues: Leckerbissen, Kauartikel und Naturkautschuk-Spielzeuge dürfen aus Papier und Pappe ausgepackt werden. Bloß: Die Verpackungen sind diesmal besonders fantasievoll gestaltet und echte optische Highlights!

Zugegeben: Mit Ästhetik haben Hunde wenig am Hut. Ob die Verpackung ein Hingucker ist oder nicht, das interessiert die Vierbeiner nicht die Bohne! Und beim Auspacken ist ohnehin alles schnell zerrissen.
Aber: Der Unterschied liegt bei uns Menschen! Denn: Kreativ sein, basteln, dekorieren – das macht den meisten von uns großen Spaß.

Die Grundidee

Witzige und liebevolle Verpackungen gestalten, dafür gibt's richtig gute Einsatzbereiche.
> Als Mitbringsel für Hundefreunde: Wenn der mitgebrachte Leckerbissen nett verpackt ist, erfreut er auch das menschliche Auge gleich mit.
> Wenn Kinder mit dabei sind: Geschenke für den Hund zu basteln, liegt hoch im Kurs – und schweißt Hund und Kind noch mehr zusammen. Denn während die Kinder Spaß daran haben, dem Hund eine Freude zu bereiten, merkt der sich ganz genau, von wem das Präsent kommt – und wird sich künftig noch mehr auf die Kinder freuen.
> Ihr Hund ist ein Therapie- oder Besuchshund? Überall dort, wo Hunde für Menschen da sind und sie in Schulen, Kindergärten Seniorenheimen, Kliniken oder Praxen besuchen, ist das Basteln für den Hund eine willkommene Interaktion, die beide Seiten – Hund und Mensch – erfreut: sowohl beim Basteln der Präsente als auch beim Beobachten der begeisterten Auspacker. Ganz nebenbei schult das Einpacken der Präsente zudem die motorischen Fähigkeiten der Zweibeiner.

Hunde schauen dabei gerne beim Basteln zu. Wenn Ihr Vierbeiner jedoch nicht so entspannt warten kann wie Darcy auf dem Foto rechts, verlegen Sie den Bastelspaß am besten auf den Tisch.

Rechte Seite: Malte hat Spaß am Basteln und Darcy freut sich schon auf die Snacks.

Kauspielspaß hoch drei

Die Einstiegstipps

Die kreativen Höhenflüge brauchen oftmals etwas Starthilfe. Egal, ob Sie mit Kindern oder Erwachsenen basteln: Geben Sie ein paar Beispiele, was gemacht werden kann. Das hilft der Fantasie sofort auf die Sprünge und führt zu tollen Ergebnissen.

Die Variationen

Mit ein paar Handgriffen wird der Kausnack zum Hingucker. Wer noch mehr Anregungen sucht: Kinder-Bastelbücher speziell für Kartons und Pappe sind eine Ideen-Fundgrube.

Verpackungskünstler
1 Verzieren Sie Snackpakete, Kauartikel und Naturkautschuk-Spielzeuge mit dekorativen Schleifen und Manschetten aus Packpapier.
2 Es sieht auch hübsch aus, wenn Sie sie mit Packpapier zu großen Bonbons einwickeln.

Papp-Kameraden
1 Verpassen Sie Kartons mit Hilfe von Schere und Kartonmesser ein lachendes Gesicht oder malen Sie es mit einem Stift auf. Wenn Sie mögen, fixieren Sie in den Öffnungen zusätzlich Hundekekse, setzen Ohren aus Kaustreifen oder als Nase ein Kauspielzeug ein.
2 Papprollen von Toiletten- und Küchenpapier können Sie auf gleiche Weise zu kleinen Pappkameraden oder Fantasietieren umbauen.

Schönschrift in Wurst
1 Schreiben Sie den Namen des beschenkten Hundes mit Hundeleberwurst auf die Verpackung.
2 Weil Leberwurst gute Klebeeigenschaften hat, können Sie Ihren Schriftzug zusätzlich noch mit kleinen Futterbröckchen verzieren.

Für einen Minihund sogar begehbar: Dieses Traumhaus lässt keine Wünsche offen. Als Universalkleber im Einsatz: Hundeleberwurst.

Hunde-Knusperhaus

Aus einem Karton ein Hunde-Knusperhaus zaubern, ist ein Riesenspaß nicht nur für Kinder:

1. Mit Schmelzkäse oder Hundeleberwurst „kleben" Sie Hundekekse, Kauartikel und (wenn Ihr Hund das gern mag) Stückchen von Obst oder Gemüse als Türen, Fenster, Klingeln, Dachpfannen und Dachrinnen an Ihren Karton-Rohbau.
2. Sie können auch Öffnungen für Türen, Fenster und Briefkästen in Ihr Häuschen schneiden.
3. Richtig gut sieht es aus mit einem Papprollen-Schornstein obendrauf, mit Rauch aus Packpapier oder einem Kauartikel.

Am besten mit Auspackprofi

Wenn Sie mit Kindern oder im Therapiehundebereich Verpackungen kreieren, sollte der beschenkte Hund bereits ein geübter Auspacker sein. Denn die Enttäuschung ist groß, wenn der Hund mit dem überreichten Geschenk scheinbar nichts anzufangen weiß. Für strahlende Menschengesichter sorgt es hingegen, wenn der Vierbeiner sich mit Begeisterung und Durchhaltevermögen den Paketen widmet.

Oben: Verpackung mit Herz. Dem Hund ist es egal, aber den Menschen freut's.
Mitte: Jede Wette, Waldi wird reichlich Spaß beim „Lesen" haben …
Unten: Papp-Kameraden – lustig und lecker. Ergänzen Sie die Truppe nach Lust und Laune.

Spezial
Hundeglück im Schuhkarton

Einpacken und Freude schenken gilt erst recht, wenn für das Tierheim gepackt wird! Ein paar Knabbereien, etwas Pappe und Papier: Mit wenigen Handgriffen ist das Hundeglück im Schuhkarton auf dem Weg.

Eine tolle Idee von engagierten Tierschützern zieht zunehmend Kreise. In vielen Tierheimen sind Beschäftigungskisten für Hunde hochwillkommen: Snackpakete aus Pappkartons, Papprollen und Packpapier mit ein paar eingepackten Leckerbissen. Erkunden, aufreißen, genießen: Längst hat man erkannt, wie sehr gerade die Tierheimhunde vom Auspack- und Knabberspaß profitieren. Er sorgt für kleine Glücksmomente im Tierheim-Alltag und trägt zum Stressabbau bei. Angenehmer Nebeneffekt: Ist genug aus Pappe zum Zerreißen da, so schont dies Decken und Körbe, die sonst oft Stress, Frustration und Langeweile zum Opfer fallen und angeknabbert oder zerschreddert werden.

Geschenke packen für Tierheimhunde: ein kleiner Beitrag zum Tierschutz, der viel Freude schenkt und den jeder problemlos leisten kann.

Tipps für Organisatoren

Wer selbst eine Aktion im Tierheim starten möchte, gibt am besten eine konkrete Anleitung zum Basteln der Beschäftigungspakete heraus – sei es als Handzettel oder auf der Tierheim-Webseite.

Beispiel

Beschäftigungskiste für Tierheimhunde

 Der Inhalt: maximal 1 Kauartikel und eine Hand voll Leckerlis.
 Verpacken Sie Kauartikel und Leckerlis einzeln in Packpapier und/oder Papprollen von Toiletten- und Küchenpapier.
 Füllen Sie die Päckchen in einen Karton beliebiger Größe. Versichern Sie sich vorher, dass sich am und im Karton keine Metallklammern, Plastikfolie, Klebeband- oder Klebstoffreste oder schädliche Inhaltsrückstände befinden.

Tipps für Bastler

Bevor Sie aktiv werden und alleine, mit Freunden, auf dem Kindergeburtstag oder mit der Schulklasse basteln, erkunden Sie sich sicherheitshalber in Ihrem örtlichen Tierheim, ob die Pakete willkommen sind und was Sie beim Basteln beachten sollten.

Tipp

Viel Freude macht ein Schuhkarton

Sie möchten sehen, wie die Pakete ankommen? Unter www.spass-mit-hund.de/hundeglueck-im-schuhkarton finden Sie Berichte und Links zu verschiedenen Initiativen rund ums Hundeglück im Schuhkarton.

Ein bisschen Hundeglück verschenken: Über dieses Paket wird sich ein Tierheimhund freuen.

Kauen und andere Hunde-Hobbys

Der Kauspielspaß

Er kommt diesmal nicht alleine! Denn dieser Spaß lässt sich hervorragend mit anderen Hunde-Hobbys, wie Denksportspielen oder Nasenarbeit, kombinieren!

› Doppelter Beschäftigungseffekt: Wann immer Sie das Kauen mit anderen Beschäftigungsmöglichkeiten kombinieren, ist nicht nur der Spaß doppelt so groß, sondern dauert auch extra-lang!
› Überraschungs- und Belohnungseffekt: Wenn Ihr Hund bei einer anderen Aktivität plötzlich mit einem Kauspiel überrascht wird, dann wird ihn das begeistern und seine Freude an Spiel und Training noch erhöhen.
› Entspannungseffekt: Immer dann, wenn es Ihnen gelegen kommt, dass Ihr Hund sich eine Weile still beschäftigt und zur Ruhe findet, können Sie ans Ende einer Aktivität den Kauspielspaß setzen.

Kauen + Denksport

Liebt Ihr Hund Denksportspiele? Dabei geht es in der Regel darum, dass der Vierbeiner eine Strategie ertüfteln muss, um an ein – auf Anhieb unerreichbares – Stück Futter zu gelangen. Wenn Ihr Hund schon ein wenig Problemlöse-Erfahrung hat, dann verstauen Sie seine Kauobjekte doch gelegentlich so, dass er ein wenig darüber brüten muss, wie er an sie herankommt. Das ist wie im richtigen Leben, wenn es in der Natur um Nahrungsbeschaffung geht. Ein paar Ideen gefällig?

Tipp für Einsteiger: Wenn Ihr Hund bislang noch keine Denksport-Erfahrung hat, dann wird er vermutlich nicht das Durchhaltevermögen besitzen, um unermüdlich auszuprobieren, bis sich der Erfolg einstellt. Was Sie tun können: Machen Sie es Ihrem Vierbeiner zu Beginn so einfach, dass er mit nur ein klein wenig Anstrengung sicher Erfolg haben wird. Davon beflügelt, wird er beim nächsten Mal bereits etwas ausdauernder zu Werke gehen.

Rechte Seite: Neue Herausforderung — hier muss das Kauspielzeug an einem Seil aus dem Rohr gezogen werden.

Hütchen XXL

Stülpen Sie einen Eimer, einen Karton oder eine Plastikbox über den Kauartikel. Ihr Hund muss diese Abdeckung dann beiseiteschieben oder umwerfen, um an das Spielzeug zu kommen.

Tipp für Einsteiger: Stellen Sie das „Riesenhütchen" zunächst auf eine locker zusammengelegte Wolldecke. Dort kann es leicht umgeschubst werden. Und es fällt zudem geräuschlos und Ihr Hund erschreckt sich nicht.

Kopfnuss

Deponieren Sie ein Kauobjekt in einem großen Eimer, Karton oder flexiblen Wäschebehälter, über dessen Rand Ihr Hund nicht blicken kann bzw. der zu hoch ist, als dass er einfach mit der Schnauze bis zum Boden gelangen könnte. Was tut er, um das Problem zu lösen und das Spielzeug zu bekommen?

Tipp für Einsteiger: Ehe Ihr Hund allzu lange probiert und frustriert aufgibt: Kippen Sie das Behältnis leicht an oder verwenden Sie übergangsweise ein niedrigeres.

Sichtbar, riechbar und doch schwer erreichbar: Für den Kauspielspaß muss getüftelt werden.

Geschafft: Runter mit dem Deckel und dann tief abgetaucht, um den Kauartikel zu ergattern.

Kauen und andere Hunde-Hobbys

Angeln
Binden Sie ein Kauobjekt an eine dicke Schnur und schieben Sie es so in eine Versandröhre oder unter das Sofa, dass nur die Schnur für den Hund erreichbar ist. Daran muss er ziehen, um an den Leckerbissen zu gelangen (Foto Seite 87).

Klar, dass Sie immer dabei sind und ein Auge darauf werfen, dass Ihr Hund im Eifer des Gefechts nicht die Schnur mitfrisst.

Tipp für Einsteiger: Schieben Sie das Kauobjekt anfangs nur ein kleines Stück in die Röhre oder unter das Sofa, sodass Ihr Hund schnell erfolgreich ist.

Geisterbahn
Legen Sie einen großen Karton, in den Ihr Hund hineinkriechen oder -gehen könnte, oder einen Eimer auf die Seite und deponieren Sie ganz hinten das Kauobjekt. Ist Ihr Hund so mutig, es sich zu holen?

Damit Ihr Held nicht stecken bleibt: Halten Sie den Karton dabei gut fest.

Tipp für Einsteiger: Wenn Ihr Hund sich nicht traut, so tief zu tauchen: Ziehen Sie den Kauartikel ein Stück nach vorne.

Hier wird Kauspaß zur Mutprobe. Wer es wagt, in den Karton zu kriechen, ist ein Held – und wird lecker belohnt!

Kauen + Schnüffelspaß

Schnüffeln steht in der Liste der Hunde-Hobbys mindestens genauso weit oben wie Kauen. Nichts liegt näher, als aus dem Kauspiel auch ein Suchspiel zu machen.

Stöber-Express

Einfacher geht's nicht: Vor den Augen Ihres Vierbeiners verstecken Sie ein interessantes Kauobjekt
> in einer Kiste voll mit leeren Toilettenpapier-Papprollen oder zusammengeknülltem Zeitungspapier,
> in den Falten einer auf dem Boden liegenden Wolldecke oder
> in einem Laubhaufen.

Ihr Hund wird sofort wissen, was zu tun ist: Auf Tauchstation gehen, stöbern – und sich dann dem Kauspaß widmen.

Kauspiel-Suchhund

Wie wäre es, die Kauobjekte gelegentlich so zu verstecken, dass Ihr Vierbeiner die ganze Wohnung oder den kompletten Garten durchkämmen muss, um sie zu finden? Wenn Ihr Hund bereits ein bestimmtes Signal für die Suche nach einem versteckten Leckerbissen kennt, können Sie dieses auch für die Suche nach dem Kauobjekt verwenden. Falls nicht: Lesen Sie hier nach, wie Sie es ganz leicht einüben können.

Oben: Stöbern für den Knabberspaß — irgendwo da drin ist das Kauobjekt! Unten: Wer lugt da um die Ecke? Kauspaß mit Suchspiel zu kombinieren, verdoppelt den Beschäftigungseffekt.

Suchen leicht gemacht

Wie Ihr Hund lernt, auf Ihr Signal hin nach einem versteckten Leckerbissen zu suchen:

 Überlegen Sie sich ein Signalwort, mit dem Sie Ihren Hund künftig auf die Suche schicken wollen, zum Beispiel „Such Futter!"

 Während Ihr Hund wartet (oder vorsichtig festgehalten wird) und zuschaut, gehen Sie ein paar Schritte von ihm weg und legen ein Stück Futter gut sichtbar auf den Boden. Gehen Sie zum Hund zurück und geben Sie ihn frei. Wenn er zum Futterstück durchstartet, sagen Sie das neue Signal: „Such Futter".

 Diesen Ablauf drei Mal wiederholen und den Leckerbissen an immer unterschiedlichen Stellen ablegen.

 Als Nächstes verbergen Sie – bei ansonsten gleichem Ablauf – den Leckerbissen beim Auslegen etwas, zum Beispiel hinter einem Grasbüschel oder einem Stuhlbein. Wiederholen Sie das drei Mal.

 Fangen Sie dann an – bei wieder gleichem Ablauf – verschiedene Verstecke „anzutäuschen". Das heißt, sie tun an verschiedenen Stellen so, als würden Sie den Leckerbissen auslegen. Wo Sie ihn tatsächlich ablegen, weiß der Hund nicht.

 Jetzt dauert es nicht mehr lang: Bald können Sie Ihren Hund mit dem Signalwort auf die Suche schicken, ohne dass er Sie beim Verstecken beobachten konnte.

Service

Buchtipps

Haben Sie Spaß daran bekommen, für Ihren Hund Snackpakete zu basteln und Kauspielzeuge zu füllen? Grundlagenwissen über die verwendbaren Zutaten, weitere Rezepte, Spielideen und Anregungen finden Sie zum Beispiel hier:

- Bauer, L.: Blitzrezepte für Hundekekse. Gesunde Leckereien selber backen. Verlag Eugen Ulmer, Stuttgart, 2013
- del Amo, C.: Spiel- und Spaßschule für Hunde: über 200 Spiele, Tricks und Übungen. Verlag Eugen Ulmer, Stuttgart, 2012
- del Amo, C.: Abenteuer für Hunde. Spiel und Spaß unterwegs. Verlag Eugen Ulmer, Stuttgart, 2011
- Jakob, A.: Hundespiele für zu Hause. Denksport, Tricks und Spiele. Verlag Eugen Ulmer, Stuttgart, 2013
- Lenz, C.: Hundespielzeug einfach selber machen. Verlag Eugen Ulmer, Stuttgart, 2013
- Reinerth, S.: Natural Dog Food. Books on Demand, 2005
  Unabhängig von der im Buch empfohlenen Fütterungsform ein Nachschlagewerk über sämtliche Zutaten, die in der „Hundeküche" verwendet werden können – und damit auch zur Füllung der Kauspielzeuge.
- Sondermann, C.: Einfach schnüffeln! Nasenspiele für den Hundealltag. Verlag Eugen Ulmer, Stuttgart, 2011
- Sondermann, C.: Das große Spielebuch für Hunde. Beschäftigungsideen – Spaß im Hundealltag. Cadmos Verlag, Schwarzenbek, 2014

Klick im WWW

www.SPASS-MIT-HUND.de: Die Seiten wider die Langeweile und den grauen Hundealltag. Die Webseite der Autorin mit vielen Spielideen und Trainingsanleitungen.

Bildquellen

Alle Fotos im Innenteil und auf dem Umschlag stammen von Heike Schmidt-Röger (www.schmidt-roeger.de).

Über die Autorin

Christina Sondermann, im außerhündischen Berufsleben Stadtplanerin, befasst sich seit Jahren mit Beschäftigungsmöglichkeiten für Hunde: als Initiatorin des Internet-Projektes www.SPASS-MIT-HUND.de, als Buchautorin und als Seminar-Referentin für Hundebesitzer und Hundetrainer. Ihre Schwerpunkte: einfach umsetzbare, alltagstaugliche Spielideen, hunde- und menschenfreundliche Trainingsmethoden, aktuelles Hundewissen.

Service 95

Herzlichen Dank

... an all die vielen kreativen Geister, die durch ihre Ideen und ihr Engagement zu diesem Buch beigetragen haben. Ganz besonders erwähnt seien: Renate Scherzer (als Hundeküchen-Chefin und für unermüdliches Engagement trotz knappster Zeit), Christoph Henke und Brigitte Sondermann (nicht nur für das engagierte Korrekturlesen), Heike Schmidt-Röger (fürs Nachbohren an genau den richtigen Stellen und tolle Fotos mit vollem Einsatz), Friederike Weichenhan (für tierärztliche Kompetenz, in allen Lebenslagen), Thomas Thesing (für den spannenden Ausflug in die Welt der Kauartikel), Sonja Hoegen und Rebecca Mönch (für die Aktion Hundeglück im Schuhkarton), Marianne Keuthen (die durchbohrte Möhre kam genau zur richtigen Zeit), Birte und Coda (als nimmermüde Test-Kauer, diesmal ausnahmsweise im Hintergrund) und last but not least die wunderbaren Top-Models Apache, Balin, Darcy, Emma, Jamie, Lara, Laya, Luna, Mali, Nadu, Paris, Polly und Zito mitsamt zweibeinigem Betreuungsstab!

In diesem Buch sind die Namen von Spielzeugen, die zugleich eingetragene Warenzeichen sind, als solche nicht besonders kenntlich gemacht. Es kann also aus der Bezeichnung der Ware mit dem für diese eingetragenen Warenzeichen nicht geschlossen werden, dass die Bezeichnung ein freier Warenname ist. Die Markennamen wurden nur beispielhaft aufgeführt.

Die in diesem Buch enthaltenen Empfehlungen und Angaben sind von der Autorin mit größter Sorgfalt zusammengestellt und geprüft worden. Eine Garantie für die Richtigkeit der Angaben kann jedoch nicht gegeben werden. Autorin und Verlag übernehmen keinerlei Haftung für Schäden und Unfälle. Der Leser sollte bei der Anwendung der in diesem Buch enthaltenen Empfehlungen sein persönliches Urteilsvermögen einsetzen.

Bibliografische Information der Deutschen Nationalbibliothek
Die Deutsche Nationalbibliothek verzeichnet diese Publikation in der Deutschen Nationalbibliografie; detaillierte bibliografische Daten sind im Internet über http://dnb.d-nb.de abrufbar.

Das Werk einschließlich aller seiner Teile ist urheberrechtlich geschützt. Jede Verwertung außerhalb der engen Grenzen des Urheberrechtsgesetzes ist ohne Zustimmung des Verlages unzulässig und strafbar. Das gilt insbesondere für Vervielfältigungen, Übersetzungen, Mikroverfilmungen und die Einspeicherung und Verarbeitung in elektronischen Systemen.

Hinweis: Der Verlag Eugen Ulmer ist nicht verantwortlich für die Inhalte der im Buch genannten Websites.

© 2014 Eugen Ulmer KG
Wollgrasweg 41, 70599 Stuttgart (Hohenheim)
E-Mail: info@ulmer.de
Internet: www.ulmer.de

Lektorat: Gabi Franz, Heike Schmidt-Röger
Herstellung: Ulla Stammel
Umschlagentwurf, Innenlayout und Satz: Atelier Reichert, Stuttgart
Reproduktionen: Timeray, Herrenberg
Druck und Bindung: Westermann Druck Zwickau GmbH, Zwickau
Printed in Germany

ISBN 978-3-8001-8292-3